"十三五"普通高等教育本科部委级规划教材

服装色彩搭配

宁芳国　编著

U0286135

中国纺织出版社

内 容 提 要

作为服装设计专业学生的基础课程之一，服装色彩搭配扮演着学习与应用的重要角色，对学生的专业学习具有特别的意义。本书在讲授色彩相关理论的同时，加入了大量设计案例，从实践的角度对色彩知识进行全面分析，力求揭示服装设计、服装搭配领域中的各种色彩规律，有助于深入理解和运用色彩知识。本书最后一章在前面诸内容的基础上，设置了拓展性实操练习，目的在于多维度激发学生寻找灵感图和灵感色，开阔学生进行服装色彩搭配的艺术视野与想象力，建立服装色彩搭配与大千世界的联系。

本书适用于服装设计专业院校师生以及相关从业人员参考学习。

图书在版编目（CIP）数据

服装色彩搭配 / 宁芳国编著. --北京：中国纺织出版社，2018.3（2024.7重印）

"十三五"普通高等教育本科部委级规划教材

ISBN 978-7-5180-3760-5

Ⅰ．①服… Ⅱ．①宁… Ⅲ．①服装色彩—设计—高等学校—教材 Ⅳ．①TS941.11

中国版本图书馆CIP数据核字（2017）第 162314 号

策划编辑：孙成成　　责任编辑：杨　勇
责任校对：寇晨晨　　责任印制：王艳丽

中国纺织出版社出版发行
地址：北京市朝阳区百子湾东里 A407 号楼　邮政编码：100124
销售电话：010—67004422　传真：010—87155801
http://www.c-textilep.com
E-mail:faxing@c-textilep.com
中国纺织出版社天猫旗舰店
官方微博 http://weibo.com/2119887771
北京通天印刷有限责任公司印刷　各地新华书店经销
2018 年 3 月第 1 版　2024 年 7 月第 7 次印刷
开本：710×1000　1/16　印张：10
字数：116 千字　定价：59.80 元

前言

　　色彩是什么？是傍晚的霞光，是画布上的颜色，是电视荧屏上绚丽的画面。

　　色彩学是什么？是研究色彩产生及其应用规律的学科，是以光学为基础，涉及心理学、物理学、生理学、美学与艺术理论的一门综合学科。

　　色彩，可对人类的视觉产生直接的刺激，使人的情绪和心理发生变化，从而影响人类的判断。可以说人类的历史有多长，对色彩的研究和运用的时间就有多久。从原始人类用颜料涂抹面部及身体开始，人类就有意识开始运用色彩来表达自己的身份和情感，用色彩塑造自己的形象，如色彩学家伊顿在《色彩艺术》一书中所说："无论造型艺术如何发展，色彩永远是首当其冲的造型要素。"

　　在现代社会，随着科技的发展，随着人类对色彩运用进一步的需要，色彩的研究更加深入。尤其在服装设计领域，世界时尚通讯社《2006服装消费市场调查简报》对于服装消费观念的调查结果显示，"选购服装时首选重视个性和合适的消费者占主导地位，其比例分别为64.8%和55.7%，只有少数人有从众和追求流行趋势的心态"。可见，服装消费日趋个性化，越来越多的人开始注重能够体现自我魅力和风格的服装。在信息技术迅速发展和人们对服装品位的要求日益苛刻的今天，色彩作为一种重要的表达载体，研究服装色彩学具有重要意义。

　　本书从色彩基本原理入手，将重点放在服装色彩的搭配和运用上。全书共分九章，运用图片分析、演绎归纳等方法，对服装设计中的色彩语言进行了全面叙述和分析。

　　第一章从时间、距离两个空间纬度，表述色彩在视觉传播中的意义，以及对服装整体造型的影响；第二章从物理学的角度介绍色彩以及光与色、色彩分类、色彩属性等相关理论知识；第三章从心理学角度出发认识色彩，包括色系的性格象征、色彩的视觉效应、色调的心理联想；第四章、第五章从服装的基本配色方法入手，包括调和型配色、对比型配色，系统深入地分析色彩搭配规律；第六章、第七章基于前五章的理论学习，结合大量图片资料进行案例分析，主要探讨常用色系如何在服装搭配中运用、色彩如何与设计风格结合、不同的面料材质对色彩的影响，将理论结合实践，具体分析色彩在服装设计中如何进行搭配运用；第八章要搭配出好看的色彩，除了运用原理，还需要懂得如何获取色彩灵感，并掌握有效提取色彩的方法；第九章进入实践环节，从灵感图的选用、灵感色的提取再到具体配色实践，系统地演示如何搭配出吸人眼球的服装色彩。其中，第六章至第九章是本书的重点，配有大量的案例说明。

编著者

2017年1月

教学内容与课时安排

章	课时性质	课时安排	节	课程安排	课后练习
第一章 色彩在视觉传播中的意义	基础理论	2 课时			
第二章 理性学习色彩	基础理论	4 课时	一	色彩的由来	
			二	色彩的分类	
			三	色彩的三属性	
			四	色立体	
			五	色彩的混合	
第三章 感性认识色彩	专业理论及 拓展训练	4 课时	一	色系的性格联想	作业 1 张
			二	色彩的视觉效应	
		6 课时	三	色调的原理与心理联想	作业 1 张
第四章 服装色彩的基本配色方法	专业理论	10 课时	一	以色相为主的配色	
			二	以明度为主的配色	
			三	以纯度为主的配色	
			四	以色调为主的配色	
			五	渐变式的配色	
第五章 服装色彩配色原则	专业理论	8 课时	一	调和型配色	
			二	对比型配色	
第六章 服装常用色系的搭配及运用	专业理论及 拓展训练	8 课时	一	无彩色系的搭配及运用	作业 3 张
			二	有彩色系的搭配及运用	
第七章 影响服装色彩搭配的相关因素	专业理论及 拓展训练	6 课时	一	服装色彩与设计风格	作业 2 张
		2 课时	二	服装色彩与材质	作业 2 张
第八章 服装色彩灵感来源及提取方法	专业理论	4 课时	一	服装色彩灵感来源	
	拓展训练	4 课时	二	色彩的采集与提取	作业 3 张
第九章 服装色彩搭配 拓展实践	拓展训练	4 课时	一	基于色彩三属性的配色练习	作业 3 张
		4 课时	二	基于调和型和对比型的配色练习	作业 2 张
		4 课时	三	基于设计风格的配色练习	作业 6 张

总课时：68 课时　　　总作业量：23 张

注　各院校可根据自身教学特点及教学计划对课时进行调整。

目　录

CONTENTS

第三章　感性认识色彩

第四章　服装色彩的基本配色方法

PRAT1

色彩在视觉传播中的意义

第一章

课题名称：色彩在视觉传播中的意义

课题内容：色彩是时间空间传达的第一要素

色彩是距离空间传达的第一要素

色彩在视觉传播中的意义

课题时间：2课时

教学目的：以时间空间、距离空间为切入点，以真实

的生活体验为案例，以研究数据为支撑，

表述色彩在视觉传播中的意义，以及对

服装整体造型的影响。

教学要求：了解色彩的重要性。

课前准备：准备与生活密切相关的色彩图片，如城市

街景、时尚店铺、广告、服装等。

色彩是形式美的重要元素，人们对美感的认知首先源于视觉上的色彩冲击。

一 色彩是时间空间传达的第一要素

研究表明，人的视觉器官在观察物体最初的 20 秒钟内，色彩感觉占 80%，形体感觉占 20%；2 分钟后，色彩感觉占 60%，形体感觉占 40%；5 分钟后，色彩感觉和形体感觉各占 50%。

在美国，色彩营销学提出"七秒定律"：人们在挑选商品时，只需要 7 秒钟，消费者就能够判断是否对商品感兴趣。在这短暂的 7 秒钟内，色彩的作用占到 67%，是促进消费者购买的心理动机关键点。

由此可见，无论是最初的 7 秒钟，还是 20 秒钟，都表明色彩在时间空间中传播非常重要，在时间轴上色彩是影响消费者的第一要素。

二 色彩是距离空间传达的第一要素

当距离较远时，人的肉眼无法识别物体所用的材料，首先看到的是物体的主体色彩，然后是外轮廓；当人与物体的距离逐渐靠近时，才能逐渐识别出物体具体的款式，然后才是结构；当人与物体的距离缩小到一定程度时，人眼才能够看清物体所使用的材质。

因此，俗话说：50 米看颜色、30 米看款式、10 米看材料。色彩是距离空间传递的第一要素。

三 色彩在视觉传播中的意义

马克思说："色彩的感觉是一般美感的最大众化的形式。"随着经济的发展和社会的进步，卖方市场向买方市场蜕变。在琳琅满目的商品大潮中，产品进入生命周期中的后半阶段，此时经过产品高速发展带动起来的消费者，在物质消费层面和精神消费层面发生了深刻的变化，其需求比以往任何时候都难以满足，简单的重复性模仿无法满足消费者强烈的需求欲望，日本色彩学家小林重顺将这一现象称为：对商品饱和后的厌倦感。

服装本身就是以有色形式出现的，色彩是服装设计三要素之一，与服装的造型、面料共同构成一个整体，因此服装离不开对色彩的依附。因此，当代服装产品要想引领时尚潮流，设计需要不断地创新，在色彩运用上须下功夫，系统研究服装色彩搭配就显得尤为重要。色彩对于服装设计来说是一门即理性又感性的学科，理性是指它的科学理论，色彩是以光为基本条件、以人眼为对象的生理学研究领域，是一个理性认识的过程，需要人脑记忆；感性是指心理联想和感悟，以精神学为对象的心理学领域，是一个形象思维创造的过程，需要个人的悟性（图1-1）。

图1-1　模特穿着时装的色彩搭配

　　美国芝加哥色彩专门研究机构CII的研究表明：色彩在消费者决定消费的过程中产生着重要的影响，甚至决定着消费行为是否发生。对于消费者而言，色彩是一种无需解释的语言，色彩可以在所有市场、所有商品、所有购买行为中保持产品的醒目度。利用色彩的特质打破消费者对商品的厌倦感，因此色彩成为后商品时代产品设计最核心的因素以及重要的营销手段。日本色彩学家小林重顺在《色彩战略——市场开发中最尖端的感性化时代的商品技术》一书中写道：色彩的广泛应用成为新时代的重要标志，人们已进入"色彩时代"（图1-2）。

图 1-2　卖场的色彩搭配

　　综上所述，如何能做到深入浅出、驾轻就熟地巧妙运用色彩？色彩的变化纷繁复杂，单凭直觉和工作经验，很难驾驭色彩，因此我们需要用理性的思维系统地学习色彩，用感性的思维灵活地运用色彩，这也是撰写此书的目的。

PRAT2

理性学习色彩

课题名称：理性学习色彩

课题内容：色彩的由来

色彩的分类

色彩的三属性

色立体

色彩的混合

课题时间：4 课时

教学目的：从物理学的角度介绍色彩，光与色、色彩

分类、色彩属性等相关理论知识。

教学要求：1. 区别无彩色系和有彩色系。

2. 理解色彩三属性（色相、明度、纯度），

并懂得如何运用色彩三属性。

3. 掌握并学会运用色立体。

4. 区别并理解加色混合、减色混合和中

性混合三个不同的色彩混合概念，其中

中性混合是重点。

课前准备：广泛阅读绘画、雕塑、家居等各艺术类别

的图形资料，进行视觉积累。

第一节 / 色彩的由来

　　人眼之所以能看到五彩缤纷的色彩世界，是因为光的存在。物体对光产生吸收或反射，反射的光刺激人眼，并通过视神经传递到大脑，最终产生对色彩的感受。在这一过程中，光、物、眼是感知色彩的三要素，缺少任何一个要素人们便很难感知色彩的存在。其中，"光"是三要素中的第一要素，为什么这样说呢？因为如果在一个没有光的黑暗空间中，人们连物体都无法识别，就更谈不上辨别物体色彩了。1705 年，法国耶稣会的拉扎里·纽吉特在《多莱布》杂志上发表了一篇关于色彩的论文中提到"一切色彩都消失在黑暗之中，光是色彩的本质条件" ❶，所以"光"是人们认识世界、产生色彩、发现色彩的前提。

　　今天，人们对光的认识主要建立在 17 世纪的英国物理学家艾萨克·牛顿关于三棱镜透光实验的基础之上。牛顿发现，如果将一束白光（阳光）从细缝引入暗室，通过三棱镜光的传播方向将发生折射现象，当折射的光碰到白色屏幕时，会显现出红、橙、黄、绿、蓝、紫如彩虹一样美丽的色带。色带中各种颜色所占的面积大小不一，蓝色所占的面积最大，黄色所占的面积最小。光谱中各颜色之间的分界线并不分明，而且简单的七色也不能涵盖所有色彩，如对色带进行进一步分析，就会发现色带由千万种颜色组成；但如果将这条色带用聚光透镜加以聚合，又会重新变成白色光（图 2-1）。

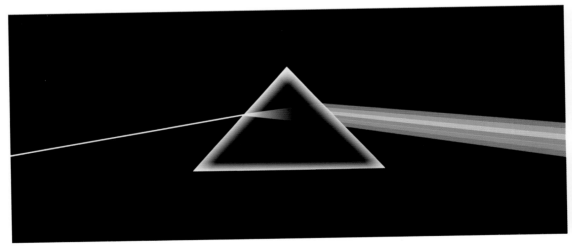

图 2-1　三棱镜分解白光（阳光）实验

❶　城一夫 . 色彩史话 [M] . 杭州：浙江美术出版社，1990。

由此看来色彩是以色光为载体客观存在的物理现象，人们将被三棱镜分离出来的红、橙、黄、绿、青、蓝、紫七色光谱称为单色光，由这些单色光汇合构成的白色光称为复合光。七种单色光形成了色彩的基本色相，并装扮着我们五彩缤纷的世界。

第二节 / 色彩的分类

在千变万化的色彩世界中，人们视觉感受到的色彩非常丰富，人眼可分辨 750 多万种颜色，这其中包括色相识别约 200 万种、明度识别约 500 万种、纯度识别 70 万～170 万种❶，还有很多人眼无法识别的颜色更是数不胜数。这么多颜色按种类可分为原色、间色、复色，但就色彩的系别而言，可分为无彩色系和有彩色系两大类。

一 无彩色系

无彩色系是指由黑色、白色以及由黑白两色混合而成的各种不同层次的灰色构成的色彩。无彩色系可由一条明度轴表示，轴的一端为白色；另一端为黑色，中间是不同明度的灰色（图 2-2）。

纯白是理想的完全反射物体，纯黑是理想的完全吸收物体，因此在现实生活中并不存在纯白和纯黑的物体，只能是无限地接近。如颜料中采用的锌白和铅白只能接近纯白，煤黑只能接近纯黑。

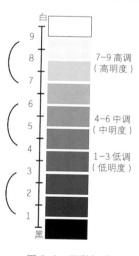

图 2-2　无彩色系

二 有彩色系

有彩色系是指可见光中的全部色彩，以红、橙、黄、绿、蓝、紫等为基本色。基本色之间不同量的混合、基本色与无彩色之间不同量的混合，所产生的千千万万种的色

---

❶ 史林 . 高级时装概论［M］. 北京：中国纺织出版社，2002。

彩，都属于有彩色系。色彩是由光的波长和振幅决定的，波长决定色相，振幅决定色调（图2-3）。

图2-3 有彩色系

第三节 / 色彩的三属性

色彩的三属性是指色相、明度、纯度。三属性是组成色彩最重要的三要素，三者之间相互独立、相互关联、相互制约。因为色彩的三属性，才形成花花绿绿的色彩世界。

随着色彩理论研究的深入，人们将色相、明度、纯度进行量化，科学地去研究色彩，因此色彩三属性是学习、研究并运用色彩的根本。

一 色相

色相的英文为Hue，简称H。色相是指色彩的相貌，是区分色彩的主要依据。

牛顿将白光（阳光）分解成红、橙、黄、绿、蓝、紫等，其中波长最长的是红色，波长最短的是紫色。为便于记忆和使用，色彩学家给每个颜色都冠以一个名称，叫色相名。当一种色相和另一种色相混合时，会产生第三种色相，以此类推，因此自然界存在的色相种类非常多，约有一千万种之多。

色彩学家们把红、橙、黄、绿、蓝、紫等头尾相连，并补充进光谱中没有的红紫色，以环状排列形式形成一个封闭环状循环，这就是色相环。色相环通常以纯色的形式表示（图 2-4）。

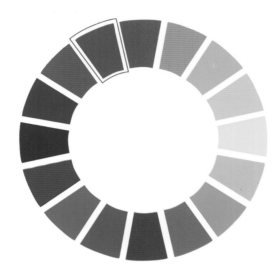

图 2-4　补充进红紫色形成封闭的色相环

二　明度

明度的英文为 Value，简称 V。明度是指色的明暗程度，也可称为色的亮度、深浅。若把无彩色系的黑、白作为两个极端，在中间根据明度的顺序，等间隔地排列若干个灰色，就成为有关明度阶段的系列，即明度系列。靠近白色端为高明度，靠近黑色端为低明度，中间部分为中明度。

由于有彩色系中不同的色彩在可见光谱的位置不同，所以眼睛直觉的程度也是不同的。黄色处于可见光谱的中心位置，眼睛的知觉度高，色彩的明度就高。紫色处于可见光谱的边缘，眼睛的知觉度低，故色彩的明度也低。橙、绿、红、蓝的明度居于黄、紫之间，这些色彩依次排列，很自然地出现明度的秩序（图 2-5）。

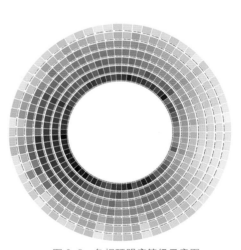

图 2-5　色相环明度等级示意图

当一个有彩色加白时，它的明度会提高；加黑时，明度会降低，所混合出的各色可构成一个颜色的明度系列（图 2-6）。在人们的生活中，很多产品都巧妙地运用明度渐变带来的视觉效果吸引消费者的眼球（图 2-7、图 2-8）。

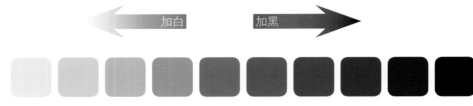

图 2-6　有彩色明度等级示意图

图 2-7　明度渐变在家装中的运用

图 2-8　明度渐变在烘焙中的运用

三　纯度

　　纯度的英文为 Chroma，简称 C，又称彩度或饱和度。纯度是指波长的单一长度，即波长越单纯，色光越鲜亮，纯度也就越高。研究表明，色彩的饱和度与明度有关，当一个色渗进了其他成分，纯度就会降低。凡有纯度的色必有相应的色相感，因此，有纯度感的色都称为有彩色。

　　有彩色的纯度划分方法如下：选出一个纯度较高的色相，如大红，再找一个明度与之相等的中性灰色（灰色是由白与黑混合出来的），然后将大红与灰色直接混合，混出从大红到灰色的纯度依次递减的纯度序列，得出高纯度色、中纯度色、低纯度色。在所有色彩中，红、橙、黄、绿、蓝、紫等基础色相的纯度最高，但值得注意的是：

　　（1）色相的纯度与明度不能成正比，纯度高，不等于明度高。

　　（2）因无彩色没有色相，故纯度为零（图2-9、图2-10）。

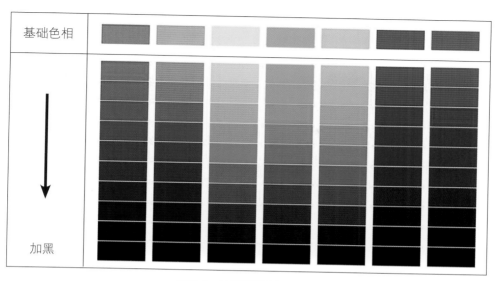

图 2-9　纯度等级示意图

图 2-10　纯度渐变在色彩构成中的运用

第四节 / 色立体

色彩的三属性是相互依存、相互制约、三位一体的，具有三维空间关系，这种关系以平面的形式很难说明，为了更全面、更科学、更直观地表达色彩概念及其构成规律，借助三维空间，将色彩三属性按照一定的秩序，采用旋转直角坐标方式，排列到一个完整且严密的色彩系统之中，这种色彩表示方法称为"色立体"。

一 色立体结构原理

色立体是以旋转直角坐标的方式，组成一个类似地球仪的模型。通常纵轴表示明度等级，也叫明度轴或无彩轴，北极表示白色，南极表示黑色，中间分布不同明度依次变化的灰色。横轴表示纯度等级，称为纯度轴，外端为纯色系，与明度轴的交汇处是纯色与灰色的混合色，中间依次分布着纯色与混合色的过渡色。一般来说，北半球为明色系，南半球为暗色系，赤道表示色相环的位置，越靠近明度轴的色彩纯度越低，离明度轴越远的色彩纯度越高（图2-11）。但由于色相本身纯度不相等，明度也不相等，所以这个类似地球圆形的色立体并非是正圆形。

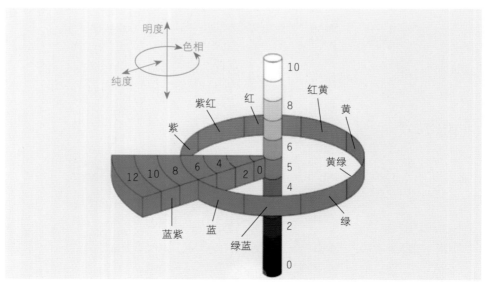

图2-11 孟塞尔色彩体系

二　色立体的意义

色立体在立体模型中按照一定秩序将色相、明度、纯度进行整体排列，它可以用来指导色彩的混合、色彩的调和、色彩的对比等一系列的配色要求。并且，任何一个颜色都能在色立体中找到自己的位置，通过数值或坐标进行精准定位和描述，采用统一的编码标号为色彩命名。在色立体基础上建立起来的各种标准化色谱，为色彩管理者和使用者带来巨大便利，有助于国际色彩领域的沟通交流。因此，色立体是研究色彩理论的基础。

目前世界范围内采用较多的色立体有三种：美国孟塞尔色立体、德国奥斯特瓦德色立体、日本色研色立体。其中，孟塞尔色立体因表示的方法最科学、最精准，使用起来比较方便，所以在世界范围内孟塞尔色立体使用得最为广泛（图2-12）。

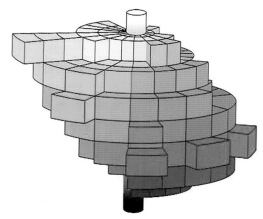

图2-12　美国孟塞尔色立体

第五节 ／ 色彩的混合

两种或两种以上的颜色混合在一起，构成与原色不同的新色的方法称为色彩混合。色彩混合可分为三大类：加色混合、减色混合、中性混合。

一　加色混合

加色混合（Additive Color Mixing）也称为色光混合，即将不同光源的辐射光投照到一起，合照出新色光。其特点是把所有混合的各种色的明度相加，混合得越多，色彩的明度就越高。色混合的三原色也称为光色三原色，通常用R（泛黄的红）、G（绿）、B（泛紫的蓝）表示。红光（R）与绿光（G）混合生成黄光，绿光（G）和蓝光（B）混合生成蓝绿光，蓝光（B）与红光（R）混合生成紫光，黄光、蓝绿光、紫光为色光的三间色。如果将色光三原色按照一定比例混合，最终能得到白色光。

在日常生活中，舞台照明、多媒体和摄影等就是运用了加色混合（图 2-13、图 2-14）。

图 2-13　加色混合在舞台灯光中的运用

图 2-14　加色混合在多媒体中的运用

二　减色混合

　　减色混合（Subtractive Color Mixing）是指物质的、吸收性色彩的混合，也称为色料混合。其特点正好与加色混合相反，混合的色料种类越多，在明度、纯度上都有所下降，色彩会越暗越浊，色料混合的终极端是黑色，因此在减色混合中，控制色彩数量非常重要。红（R）、黄（Y）、蓝（B）是减色混合的三原色。

　　减色混合在人们生活中最为常见，如水粉画、水彩画、油画、国画、印刷、印染等，可谓减色混合无处不在（图 2-15、图 2-16 ）。

图 2-15　减色混合在广告中的运用

图 2-16　减色混合在服装中的运用

三　中性混合

　　中性混合包括旋转混合与空间混合两种。中性混合属色光混合的一种，色相的变化同样是加色混合；纯度有所下降，明度不像加色混合那样越混越亮，也不像减色混合越混越暗，而是被混合色的平均明度，故称为中性混合。

1.旋转混合

　　旋转混合是指将两种或两种以上的色彩并置于色盘上，使它快速旋转，快速旋转的色彩连续刺激着视网膜，但眼睛却无法迅速分离出各个色彩的信息，这时我们会感觉产生了另一种单一的新色彩（图 2-17），并且旋转混合需经过一定的时间才能完成。

2.空间混合

空间混合其实属于视觉上的生理混合，是指在一定的空间内把两种或两种以上的颜色通过密集的方式交织或并置在一起，并要在一定的距离空间进行观看。因眼睛无法辨别这么多细小的色彩信息，从而形成色彩混合现象。空间混合在日常生活和艺术领域中有很多应用。如四色印刷、点彩画、马赛克，以及很多现代设计作品中（图 2-18 ~ 图 2-21）。

图 2-17　旋转混合在陀螺中的运用

图 2-18　空间混合在点彩画中的运用

图 2-19　空间混合在城市景观中的运用

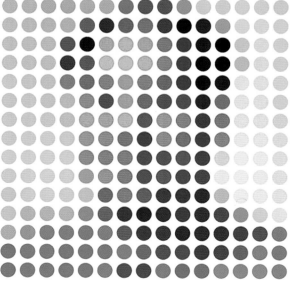

图 2-20　空间混合在后现代抽象波普艺术中的运用

图 2-21　空间混合在服装色彩中的运用

第三章

PRAT3

感性认识色彩

课题名称： 感性认识色彩

课题内容： 色彩的性格联想

色彩的视觉效应

色调的原理与心理联想

课题时间： 10 课时

教学目的： 从心理学角度出发认识色彩，从色系的性格联想、色彩的视觉效应、色调的心理联想三方面入手，探索艺术与生活中的色彩规律，以获得较为全面的色彩认识与应用能力。

教学要求： 1. 掌握每个色彩特点以及与其他颜色关联，除了从物理的角度进行理性分析外，需要更多地关注色彩给予人的心理联想。

2. 掌握色彩的视觉效应，了解色彩视觉效应与人们的情绪、意识以及对色彩的认知有密切关联。

3. 理解色调的原理，并熟练掌握不同色调建立哪些心理联想。

课前准备： 阅读关于视觉心理学的相关书籍。

作业要求： 1. 根据色彩的视觉效应知识点，选择一组关系进行对比研究。作业尺寸及表达形式不限，可以是生活中的实物，也可以是动手绘制的图形等。

2. 根据色调原理，选取一个服装造型，从色彩的选择、色调的定位逐步推进，分析选取的服装塑造出哪种形象。

尺　　寸： 60cm×90cm 展板，需学生讲解。

　　在前面的章节，我们主要从理性角度出发，用严谨的态度，科学、系统地认识了色彩。本章将从感性的角度出发，探索艺术与生活中的色彩规律，以获得较为全面的色彩认识与应用能力，解决服装设计及穿搭之中的一系列色彩问题。

第一节 ／ 色彩的性格联想

　　色彩像一个大家庭，每个成员都具有自己独特的个性，罗丹在《艺术论》中说："色彩的总体要表明一种意义，没有这种意义就一无是处"。色彩不仅能给予人类生理影响，还能引起心理反应进行联想。因此，在研究服装色彩本身规律的同时，更应关注色彩给予人的心理联想。

一　白色（White）

　　在物理学意义上，白色不是一种颜色，它可以被理解为所有光的总和。在色彩学上，白色是无彩色，是最浅、最轻的颜色。

　　白色让人联想到白雪和云朵，具有洁白、纯真、简单的性格特点，给人以美好、和平、清净的感觉（图3-1）。在西方，刚受洗的基督徒身着白衣表明他们获得重生后的纯洁，新娘结婚时也身着白色礼服。但由于文化的差异，白色在中国等亚洲国家的传统用色中则是不吉祥

图3-1　白色的联想

的色彩。

　　白色是一个中立的色彩，它的干净和纯洁很容易营造出空灵的意境，但有时也略显乏味。因此在设计中会使用白色的各种变色，如古董白、乳白、亚麻白、米白、纸白、雪白、珍珠白以及象牙白等，它们会比纯白色显得更温和或不那么僵硬。白色极易与其他颜色搭配，尤其与黑色组合时，色彩效果简洁明确，极富视觉冲击力。

二　灰色（Grey）

　　灰色是无彩色，没有色相和纯度只有明度，介于黑色和白色之间，其大致可以分为深灰和浅灰。

　　灰色容易让人联想到冰冷的混凝土、阴郁的天空，因此，灰色经常被用于描述一些暗淡和单调的东西，如灰色地带、灰姑娘、灰心等。从表面上看，灰色似乎善于传递负面情绪，是不明朗、无倾向性的代名词，其实灰色将它的美好隐藏得很深，需要人们耐心去品味。灰色比白色深些、比黑色浅些、比银色暗淡、比红色冷寂，它穿插于黑白两色之间，没有黑和白的纯粹，却也不像黑和白那样单一，它空灵的让人捉摸不透，幽幽地传递出暗抑的美（图3-2）。

图3-2　灰色的联想

在所有颜色中灰色最无个性，所以灰色不仅适合大面积使用，而且还很适合与其他色彩搭配并起烘托的作用：与暖色相配时，表现出冷感；与冷色相配时，表现出暖意。灰色跨度很大，从灰白至黑灰，其个性也不同，接近白色的灰色具有白色的特性——纯净、缥缈、无力，接近黑色的灰色具备黑色的特征——深邃、沉重、渺茫，位于白色与黑色之间的灰色呈中性，表现出适度的含蓄、平静、精致。

三　黑色（Black）

与白色相反，黑色基本上定义为没有任何可见光进入视觉范围。在色彩学上，黑色是最深、最重的颜色，属于无彩色，如果将三原色的颜料以适当比例混合，其反射的色光将降到最低，此时便能得到黑色。所以黑色既可以是缺少光造成的（漆黑的夜晚），也可以是所有的色光被吸收造成的（黑色的衣服）。

黑色是明度最低的色彩，给人以后退、收缩的视觉感受，在心理上容易产生黑暗、悲伤、死亡等险恶之感。黑色也代表谦逊，它具有庄严、优雅的格调，给人意志坚定、自律的感觉，所以在传统中，黑色属于男性用色，但随着时代的进步，黑色也成为女性的时尚用色（图3-3）。

图3-3　黑色的联想

黑色是一个气场强大的色彩，当单独使用时，它的庄严与高雅可主宰世界；当与其他颜色搭配使用时，它的包容性又能起到很好的衬托作用。黑色也是一个非常个性化的色彩，不同的黑色有不同的情感，偏红的黑色带有暖意，偏蓝的黑色带有冷感，偏灰的黑色传递出中性的意味。

四　红色（Red）

　　红色，位于可见光中长波的末端，波长为 610～750 纳米，类似新鲜血液的颜色，属于三原色和心理原色之一。在可见光谱中，红色的光波最长，折射角度小，最具穿透力，因此红色与其他颜色相比更为醒目，对视觉的影响力也是最大的。

　　红色是最初的颜色，是人类最早认识和命名的色彩。提到红色，首先联想到的是血与火，是生命、活力、健康、热情、朝气、欢乐的象征，给人视觉上一种迫近感和扩张感，容易引发兴奋、激动、紧张的情绪（图 3-4 ）。

图 3-4　红色的联想

　　红色是一个张力很强的色彩，性格强烈且外露，饱含着呼之欲出的力量，所以红色不论是大面积使用还是与其他颜色搭配使用，都很容易成为视觉的中心。因色相、明度、纯度不同，不同的红色在服装的运用中会产生不同的心理效应，大红热情向上、深红稳重质朴、紫红优雅温和、桃红明亮艳丽、玫瑰红华丽鲜艳、酒红深沉优雅、洋红甜美浪漫等。

五　橙色（Yellow Red）

橙色，位于可见光中的长波，波长为 590～610 纳米，是介于红色和黄色之间的混合色，又被称为橘黄或橘色。

橙色属于暖色系，而且是暖色系中最温暖的色彩。它使人联想到金色的秋天、丰硕的果实，是代表富足、快乐、幸福的颜色。如果在橙色中稍稍混入一些黑色或白色，便会变成稳重、含蓄的暖色；如果混入较多的黑色，会变成一种烧焦的颜色；如果加入较多的白色则会带来一种甜腻的感觉。橙色在色谱中紧挨着红色，它的穿透力仅次于红色，因此靠近红色的红橙色具备红色的特征，是充满活力和激情的颜色，而靠近黄色的橙色则显得相对缓和、低调，传递出平和的温暖（图 3-5）。

图 3-5　橙色的联想

橙色是红色和黄色的最佳搭档，能形成舒服的过渡；与深褐色、咖啡色、黑色等色相搭配时，橙色是非常称职的辅助色；与蓝色、紫色搭配时，形成强烈的补色对比、对照色对比，产生不稳定感，这类色彩搭配经常在运动服饰中使用。由于橙色非常明亮，大面积使用会使人产生负面、低俗、廉价的意象，所以高级时装、商务服装很少使用。

在研究中发现，橙色虽然不是最讨人喜欢的色彩，但也是没人喜欢的色彩，尤其在男性群体中很少有人会选择橙色为喜爱的色彩。

六 黄色（Yellow）

黄色，位于可见光中波长的位置，波长为 570～585 纳米，黄色属于暖色，由橙色光、绿色光混合可产生黄色光，代表阳光、春天的含义，是一种快乐和充满希望的色彩。

太阳光本无色，但让人感觉是黄色的，因此黄色代表着希望和能量。作为光的色彩，黄色与白色很相近，具备"轻"的特征，所以黄色是色相环中最轻的色彩，给人轻快、透明、天真的印象，但由于黄色过于明亮，也被认为具备稚嫩、轻浮、偏激的特征。黄色是一个矛盾的个体，色性非常不稳定，容易受到其他颜色的影响，如果在黄色中稍微添加点别的颜色，黄色很容易就失去了本来的面貌，例如，越靠近橙色越呈现温暖的感觉，越靠近绿色越呈现清新的感觉，越靠近白色越呈现年轻稚嫩的感觉，越靠近黑色越呈现厚实老练的感觉（图 3-6）。

图 3-6　黄色的联想

黄色是暗色非常好的辅助色，明亮的黄色很容易将暗色调营造的沉闷感打破，起到提亮或改变整体色彩效果的作用，此类搭配方式不仅在服装中被广泛使用，而且在广告界经常被运用。当然，黄色也是很适合大面积使用的色彩，但值得注意的是，高级女装及商务类服装很少使用大面积的黄色，因为当黄色大面积使用时会产生不成熟感，尤其明度越高的黄色，其幼稚、纤弱感更强，因此大面积的黄色多出现在童装、少女服饰、运动装以及内衣中。

七　绿色（Green）

绿色，在可见光中属于中波长，波长为 492～577 纳米，是自然界中常见的颜色。在所有色光中，绿色的可视度最高，所以它是视觉最不易感到疲累的色彩，绿色代表清新、希望、安全、平静以及深远。人们总是能把绿色与各种植物、清新的空气以及清洁的水和土壤相联系，绿色是生命的色彩，抽象主义画家康定斯基说："绿色代表人间的自我满足"。

绿色是混合色中最独立的颜色，红色积极、蓝色消极、绿色温和，绿色以完全的中立姿态介于红、蓝两极端之间，具备镇静的效果。所以绿色被广泛地运用在生活中，在研究中显示 12% 的男性和女性喜欢绿色（图 3-7）。

图 3-7　绿色的联想

不同的绿色色彩倾向性不同，色调鲜亮的绿色，如青草绿、淡绿、嫩绿等传递出青春的气息，充满希望和活力；色调灰暗的绿色，如墨绿、灰绿、褐绿等传递出深沉和忧郁，显得老练成熟。绿色与蓝色、白色等具有包容性特征的颜色搭配使用时，体现的是绿色的积极向上；若与黑色、紫色等颜色结合时，绿色表现出消极及负面的情绪。

八 蓝色（Blue）

蓝色，是可见光三原色成员之一，在三原色中波长最短为 440～475 纳米，属于短波长。

蓝色最容易让人联想到海洋、天空和宇宙，带着博大神秘、深奥无垠的气质，是永恒的象征。其次，蓝色属于冷色调，而且是色相环上最冷的颜色，因此容易产生"冷"与"凉"的感受，使人感到抑郁、冷淡、消极。从传统的帝王蓝到现在的牛仔蓝，研究表明蓝色是所有颜色中最受人欢迎的，40% 的男性和 36% 的女性最喜欢蓝色，只有 2% 的男性和 1% 的女性表示不喜欢蓝色。同时，西方心理学家发现，喜爱蓝色的人传统、内向、理智而冷静，擅长理性思维。因此，蓝色又被称为"理性的色彩"（图 3-8）。

图 3-8 蓝色的联想

不同的蓝色有不同的表情，明亮的蓝色富有活力，积极向上；明度低的蓝色有遥远、宽广的感觉，如深蓝、藏蓝等。

九　紫色（Purple）

紫色，在可见光中波长比蓝色更短，波长从 380～420 纳米，是人类在光谱中所能看到的波长最短的光。紫色是红色和蓝色的混合色，淡紫色是红色和蓝色混合后加入白色调和而成。紫色和淡紫色是自然界中极少见的色彩，所以紫色的出现很容易与紫罗兰、薰衣草、紫丁香等自然存在的本体相联系。

紫色象征财富、强权与宗教，在中国古代紫色代表圣人以及帝王，如北京故宫被称为"紫禁城"，西方古罗马帝国时期偏绯红的紫色是君王及贵族用色，在基督教中紫色象征主教的等级色彩以及忏悔期和斋期的色彩，犹太教大祭司的服饰及圣器经常使用紫色。随着时代的发展，作为两性之间的混合色，紫色演变成 20 世纪 70 年代女权运动的色彩，成为新时代女性的典型用色，象征着女性的独立、坚强（图 3-9）。

图 3-9　紫色的联想

紫色在色相环中明度最低，偏洋红、栗色方向的紫色为暖色，偏紫罗兰方向的为冷色，所以紫色代表着混合情感，可以根据色彩倾向营造出截然不同的情调。当与粉色结合时，创建的是一个女性化色盘；当与黑色结合时，可以创建一个男性化色盘；当与金色结合时，创建的是一个奢靡、浮华的世界。

综上所述，我们发现不论是无彩色还是有彩色，每个色彩都具有不同的性格，色彩性格可以激发出人类多种联想，归纳起来可分为两类：具象联想和抽象联想。具象联想是指通过色彩的表象与自然存在的具体事物产生的关联，如白云、城市、森林、薰衣草等；抽象联想是指通过色彩的表象刺激人类大脑，在情感及心理层面产生的关联，如正义、深邃、沉静等。在此将无彩色和有彩色所引起的联想总结归纳在一起，形成色彩性格联想表，以帮助初学者领会和运用（表3-1）。

表 3-1　色彩性格联想

色系		具象联想	抽象联想
无彩色	白	雪、白云、砂糖	洁白、纯真、正义
	灰	城市、混凝土、阴暗的天空	凝滞、内敛、平凡
	黑	夜、墨、炭	严肃、黑暗、死亡
有彩色	红	鲜血、火焰、玫瑰	爱情、欲望、危险
	橙	橙子、夕阳	激情、外向、廉价
	黄	阳光、向日葵、小鸡、柠檬	轻快、活泼、稚嫩
	绿	树叶、森林	生命、镇静、希望
	蓝	海洋、天空、宇宙	永恒、冷淡、平静
	紫	紫罗兰、薰衣草、紫丁香	强权、女权、欲望

第二节 / 色彩的视觉效应

色彩的感情和联想，主要反映在日常生活中的经验、习惯、环境等方面。服装色彩的视觉效应与人们的情绪、意识以及对色彩的认知有着密切关联，虽然不同的色彩给人的主观感受各异，但一般来说人们对色彩的主观感受存在共性。

一 冷与暖

　　颜色的冷暖与色相有密切关系。红色、橙色、黄色等颜色给人比较温暖的感觉，称为暖色；蓝色给人比较寒冷的感觉，称为冷色。绿色、紫色等没有冷暖感的色彩，称为中性色（图3-10）。

　　在红色系中，有接近橙色感觉的红色和微微泛蓝色感觉的红色，虽都为红色，但传递出温暖和寒冷两种截然不同的感觉。一般情况下，红、黄、绿、蓝等基本色彩都有偏离中心位置的倾向，偏橙色方向的传达出暖意，偏蓝色方向的则传递出寒意（图3-11）。

　　色彩的冷与暖具备相对性，例如，当深红色遇到鲜红色时，属于暖色的深红色出现冷色的倾向；当紫色与蓝色相配时，紫色呈现出暖色的倾向。需要注意的是，当大面积的暖色中出现小面积的冷色时，这个冷色将呈现出偏暖的效果；反之亦然。

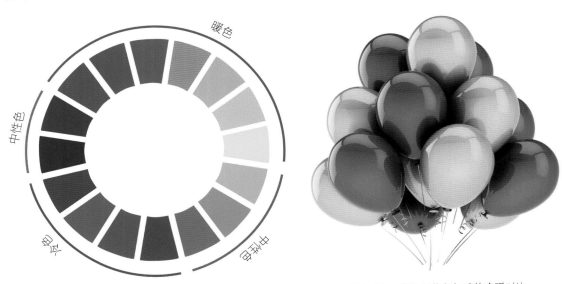

图3-10　冷暖色相图　　　　　　　　图3-11　橙色与蓝色气球的冷暖对比

二 轻与重

　　色彩有轻与重的区别，深色物显得比浅色物沉重，即使是同样的物体，仅仅通过改变颜色，观察者心里的重量感便会发生变化，这种与实际重量不符的视觉效果称为色彩的轻重感。通常来说，高明度色彩感觉轻，低明度色彩感觉重；高纯度色比低纯度、低明度色更轻；暖色偏重，冷色偏轻。如果明度、纯度、色相三者相比，明度差异是影响轻重的最大因素，纯度和色相有一定作用。

　　如图3-12所示为同一张时装宣传片，对比左右两图的效果，看看有什么差异。左图气球的颜色属于高明度，右图气球的颜色属于低明度，明度的变化让质地轻盈的气球产生了不同的视觉心理变化。高明度配色的气球轻透，有一种上升感；低明度配色的气球没有了轻盈感，反而像一颗一颗的巧克力糖豆。

图 3-12　轻与重的对比

三　软与硬

　　色彩有软与硬的区别，当然这不是靠触摸去感觉，而是靠视觉来感受。通常来说，冷色的比暖色的使人感到坚硬，明度高的比明度低的色彩更具柔软的特性。此外，色彩的软硬与纯度也有关系，中纯度的色彩给人软的感觉，高纯度及低纯度的色彩则呈现硬的效果。色相对软硬基本上没有影响，可以放心使用。

　　如图 3-13 所示，浅棕色的外套给人温暖柔软的感觉，脸部的线条也是柔和的。但如果将同一件衣服换成深灰色，服装原本的亲和感顿时消失，穿着者脸部的线条显得更加硬朗立体。

图 3-13 软与硬的对比

四 沉静与兴奋

图 3-14 沉静与兴奋的对比

有些颜色天生就喜庆，如红色、橙色，经常被使用在庆典场合。有些颜色天生就忧郁，如蓝色。为什么不同的色彩能传递出沉静或兴奋两种截然不同的情感呢？

色彩的沉静与兴奋与色相、明度、纯度有关，其中纯度影响最大。总体来说，暖色比冷色更具活跃感；高明度色比低明度色更具欢乐感；高纯度色比低纯度色更具兴奋感。其次，色彩的沉静与兴奋具有相对性，在一定情况下，沉静色与兴奋色还呈现相反趋势，例如，当同样具有兴奋特征的红、橙、黄搭配时，纯度最高的色彩最兴奋，纯度最低的色彩最安静。

图 3-14 中的蓝色、红色、黄色形成了冷暖强

烈对比，虽然红色、黄色面积小但很轻易就将蓝色的沉静打破了，相比之下红色的兴奋感要比黄色更加强烈。

五　华丽与质朴

　　色彩可以给人华丽辉煌的感觉，也可以给人质朴平和的感觉。色彩的华丽和质朴受纯度和明度影响，其中纯度影响最大，明度次之。纯度高的华丽，纯度低的朴素；明度高的华美，明度低的质朴（图3-15）。

图 3-15　质朴与华丽的对比

六　前进与后退

　　由于颜色不同，相同位置的物体会让人感觉距离不同，感觉前进的颜色叫前进色，感觉后退的颜色叫后退色。总体上，具有扩张性的暖色相的色彩是前进色，冷色相色彩较为收敛是后退色；明度高的色彩为前进色，明度低的色彩为后退色；纯度高的色彩是前进色，纯度低的色彩是后退色。此外，与有彩色相比，无彩色有后退感。

　　如图3-16所示，面积最大的是棕色，面积最小的是红色。按面积比例看，第一眼看到的应该是棕色，但其实不然。在这个色彩关系中，面积最小的红色由于其的高饱和度而成为前进色，第一个跳入眼帘，其次是中饱和度的绿色，最后才是棕色。

七 膨胀与收缩

色彩的膨缩与色彩的冷暖及明度有关。冷暖方面，暖色属于膨胀色，冷色属于收缩色；明度方面，明度越高膨胀感越强，明度越低收缩感越强。

如图 3-17 所示的服装一个是采用高明度的粉色；另一个使用的是发冷的白色，两个都是膨胀感极强的色彩，但相比之下发暖的粉色比白色更具膨胀感。

色彩并非静止的，而是流动的。通过上述发现，色彩所引起的视觉效应与色彩三属性（色相、明度、纯度）有密切关系。色相的冷暖、明度的高低、纯度的高低，直接影响色彩给人带来的视觉效应，并将此归纳为表 3-2。

图 3-16 前进与后退的对比

图 3-17 膨胀与收缩的对比

表 3-2　色彩视觉效应与色彩三属性的关系

	色相	明度	纯度
色的冷与暖	○		
色的轻与重		○	
色的软与硬		○	○
色的沉静与兴奋	○	○	○
色的质朴与华丽		○	○
色的前进与后退	○	○	○
色的膨胀与收缩	○	○	○

第三节　色调的原理与心理联想

　　说起"绿"色的时候，有人会联想到希望，也有人会说这是毒药的颜色，为什么色相一致的色彩，会有不同的心理联想呢？原因是色调。色相一致的颜色，如果在明度、纯度发生变化，其在色立体的位置将进行调整，色调也将随之变化，所呈现出的色彩效果会截然不同，导致人们出现不同的心理反应。

一　色调的原理

　　什么是色调呢？色调是明度和纯度的混合概念，所有的颜色以等色相环的形式，在明度轴和纯度轴上进行定位，这样就形成了色调。

　　色调图在国际上有很多不同的版本和名称，如PCCS、CNCS、CCS等。但追根溯源，其原理都是一样的，本书以CCS色调为例。

　　CCS色调图把无彩色从黑到白（即明度）分为6个等级，纯度分为5个等级，位于相同明度、纯度位置的颜色构成一个等色相环。在CCS色调图中，共有15组等色相环，依次为纯色调、亮色调、浅色调、淡色调、极淡色调、强色调、深色调、暗色调、极暗色调、中色调、柔色调、浊色调、浅灰色调、中灰色调、暗灰色调（图3-18）。

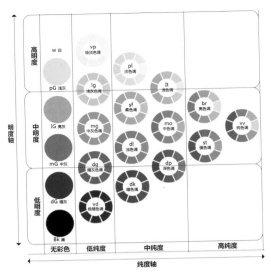

图 3-18　CCS色调图

二　色调的心理联想

　　不同等色相环中，色彩所处的位置不同，传达色彩的印象也不同，如前面提到的"绿色"。所以，要想将色彩灵活自如地运用在服装设计及搭配中，除了需要了解不同色相产生的心理联想外，还要掌握不同色调传递的形象定位。

　　15 组等色相环名称较为复杂，不便于记忆和理解，如果化繁为简，其实可以理解为纯色、亮色、浊色。纯色就是纯度最高的颜色；亮色是在纯色中加入不同比例的白色得到的颜色，加入黑色则为暗浊色；浊色是在纯色中加入不同比例的灰色得到的颜色（图 3-19）。所以根据前面的原理，将 15 组等色相环合并同类项，并进行色彩联想，通过归纳梳理最终总结出 8 个色调区域组成的色彩情感分布图，为设计色彩提供心理色彩对应及应用平台（图 3-20）。

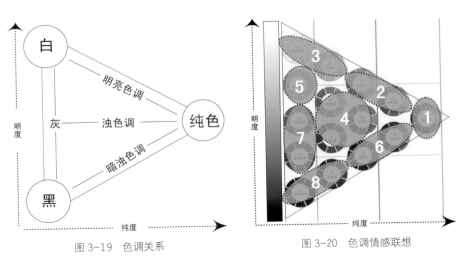

图 3-19　色调关系　　　　　　　　　图 3-20　色调情感联想

1.纯色调

纯色调位于距无彩色区最远、纯度最高的位置。纯色饱和的色彩，具有强烈的视觉冲击，给人以时尚、速度、运动、健康、积极的心理刺激，色彩开放性最强（图3-21）。

图3-21 关键词——健康、积极、活力、开放、嘈杂、混乱

2.明色调

纯色加入少许白色形成的色调，明度提高，纯度降低。与纯色调相比，明色调降低了纯色的开放性和对立性，变得爽快、明朗，体现出健康活力的感觉，很好地传达出运动感、时尚感，是受大众喜好的色调区（图3-22）。

图3-22 关键词——爽快、愉快、朝气蓬勃、明朗、没有深度、肤浅

3.淡色调

淡色区处于明度高、纯度低的位置，最接近无彩色的白，所以淡色区与纯色区相比，健康感减弱，积极性和开放感被大幅度地削减，表现出清丽、纤细、轻巧的感觉。淡色调是最缺乏主张和自我的色调区，适合柔和、甜美、浪漫的服装色彩搭配（图3-23）。

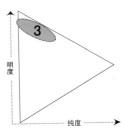

图 3-23　关键词——优雅、纤细、浪漫、稚嫩、软弱、不可靠

4.微浊色调

微浊色调是在纯色的基础上稍微加点灰色形成的色调，因为位置紧挨纯色，纯度略低，明度与纯色基本一样，所以该区域的色彩比较特殊，具有纯色和浊色的双重特质。也就是说，在越接近纯色的地方，由于灰色的作用，色彩呈现出稳定的动感和活力；在远离纯色的位置，色彩体现出浊色的含蓄本质，呈现出自然的气息。以自然或者轻松愉快为主题的服装配色适合用该类色调（图 3-24）。

图 3-24　关键词——关键词：活力的、自然的、和谐的、素净的

5.明浊色调

明浊色区处于明度高、纯度低的位置，是仅次于淡色调最接近无彩色白的色彩区域，所以该色调有淡色调的特点，健康感减弱，积极性和开放感变小，表现出优雅而素净的感觉。但由于加入了少许灰色，该色域稍显成熟稳重，如果将淡色调形容成女孩，那么明浊色调则是一位优雅的女性（图 3-25）。

图 3-25　关键词————素净的优雅、都市感、成熟的、女性、治愈、软弱

6.微暗色调

微暗色调，是在纯色的基础上加入少许黑色形成的色调，具有内向的凝滞感以及稳定感。健康的纯色加上紧致的黑色，表现出很强的力量以及豪华的感觉（图 3-26 ）。

图 3-26　关键词——强力、鼓励、能量、自信、豪华

7.暗浊色调

暗浊色调是纯色加黑色形成的暗色，再加上素雅的灰色形成的色调。暗色的厚重感与浊色的稳定感融合在一起，形成沉稳的厚重感，可以强调出自然的以及男性的感觉（图 3-27 ）。

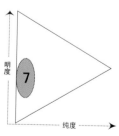

图 3-27　关键词——厚重、男性、力量、深邃、粗犷

8.暗色调

暗色调，是纯色加黑色形成的色调。纯色的健康与力量感的黑色结合，形成威严而厚重的感觉，如德拉克洛瓦的绘画作品（图3-28）。

图3-28　关键词——严肃、威严、男性、厚重、传统、威压、冷峻、坚硬

第四章

服装色彩的基本配色方法

课题名称：服装色彩的基本配色方法

课题内容：以色相为主的配色

以明度为主的配色

以纯度为主的配色

以色调为主的配色

渐变式的配色

课题时间：10 课时

教学目的：服装色彩语言的组织，需多种因素的相互
作用，才能达到合理的视觉效果，运用时
需遵循一定规律，掌握一定的配色方法。

教学要求：1. 掌握以色相为主的配色方法，了解不
同的色相配色对应的色彩关系。

2. 掌握以明度为主的配色方法，了解不
同的明度配色对应的色彩关系。

3. 掌握以纯度为主的配色方法，了解不
同的纯度配色对应的色彩关系。

4. 掌握以色调为主的配色方法，了解统
一色调配色、类似色调配色、对照色调
配色。

5. 掌握色相渐变、明度渐变、纯度渐变
等配色方法。

课前准备：广泛阅览并收集绘画、雕塑、家居、广告、
服装及饰品等各类艺术图片。

色彩在服装设计中起着先声夺人的作用，它以其无可替代的性质和特性，传达着不同的色彩语言，释放着不同的色彩情感。服装色彩语言的组织，需多种因素的相互作用，才能达到合理的视觉效果，组成和谐的色彩节奏，因此色彩搭配是多种因素组成和相互协调的过程，运用时需遵循一定规律，掌握一定的配色方法。

第一节 / 以色相为主的配色

以色相为主导的配色法则，是基于色相环进行的色彩搭配，在此我们以 16 色相环为例进行演示分析（图 4-1）。

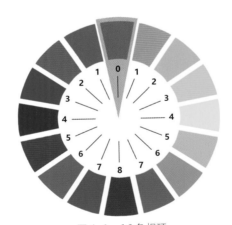

图 4-1　16 色相环

在 16 色相环中，两色角度接近 0° 或位置接近的配色，称为同一色相配色（图 4-2）。

角度为 22.5° 的两色间，色相差为 1 的配色，称为邻近色相配色（图 4-3）。

角度为 45° 的两色间，色相差为 2 的配色，称为类似色相配色（图 4-4）。

角度为 67.5° ~ 112.5°，色相差为 3 ~ 5 的配色，称为中差色相配色（图 4-5）。

角度为 135° ~ 157.5°，色相差为 6 ~ 7 的配色，称为对照色相配色（图 4-6）。

角度在 180° 左右，色相差为 8 的配色，称为补色色相配色（图 4-7）。

其中，同一色相配色、邻近色相配色、类似色相配色，在色相环上位置靠近，色相具有共性，因此色彩搭配在一起可以得到稳定、统一的感觉。中差色相配色有对比但不冲突，

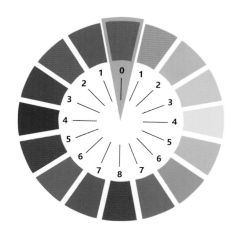

图 4-2　同一色相配色

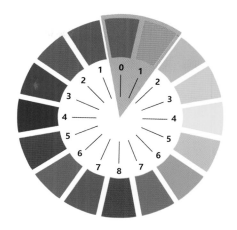

图 4-3　邻近色相配色

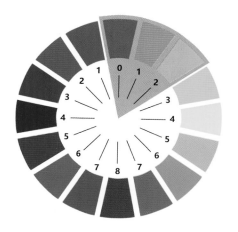

图 4-4　类似色相配色

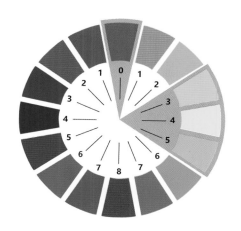

图 4-5　中差色相配色

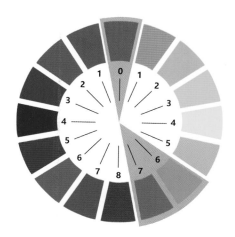

图 4-6　对照色相配色

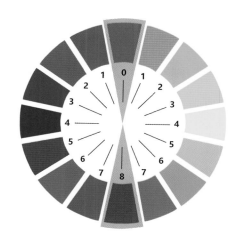

图 4-7　补色色相配色

色彩关系丰富且富有变化，是人们喜爱的配色。对照色相配色以及补色色相配色，由于色相位置距离较远，在色相上形成强烈的对比，配色效果强烈。

　　色相距离的远近，是决定色彩关系的关键因素。上面六种色相配色，根据配色效果的强弱，色彩关系可归纳为三类：稳定统一、和谐变化、对比强烈（表4-1）。在服装色彩搭配中，如果你想创造以色相为主的和谐稳定的色彩关系，那么就请从相同色相配色类别中挑选同一色相或邻近色相或类似色相进行配色；如果你想创造色相强对比的效果，则可从对照色相或互补色相中挑选。熟知不同色相配色能营造出哪类对应的色彩关系，是灵活掌握以色相为主配色方法的关键（图4-8～图4-10）。

表4-1　以色相为主的配色

配色方法				色彩关系
色相配色	相同色相配色	同一色相配色		稳定统一
		邻近色相配色		
		类似色相配色		

配色方法			色彩关系
色相配色	略微不同色相配色	中差色相配色	和谐变化
	对比色相配色	对比色相配色	对比强烈
		补色色相配色	

图4-8　相同色相配色

图4-9　略微不同的色相配色

图4-10　对比色相配色

第二节 / 以明度为主的配色

明度的变化可以表示事物的立体感和远近感，因此明度是影响配色关系的主要因素。明度可分为高明度、中明度、低明度三类（图4-11），在以明度为主的配色可形成六种搭配方式：高明度+高明度，高明度+中明度，高明度+低明度，中明度+中明度，中明度+低明度，低明度+低明度。

其中，高明度+高明度、中明度+中明度、低明度+低明度，这三类属于相同明度配色；高明度+中明度、中明度+低明度，属于略微不同明度配色；高明度+低明度，属于对照明度配色。色彩关系方面，对照明度配色最为强烈，略微不同明度配色次之，相同明度配色最为稳定和谐（表4-2）。

以明度为主的配色在人们的日常生活中运用得非常广泛，希腊的雕刻艺术就是通过光影的作用产生黑白灰关系（图4-12～图4-14）。

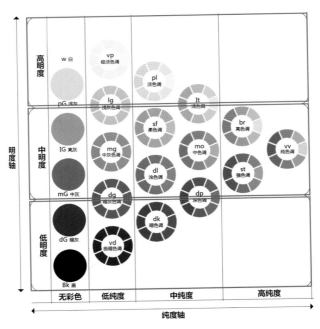

图4-11　明度关系图

表 4-2　以明度为主的配色方法

配色方法			色彩关系	
明度配色	相同明度配色	高明度配色	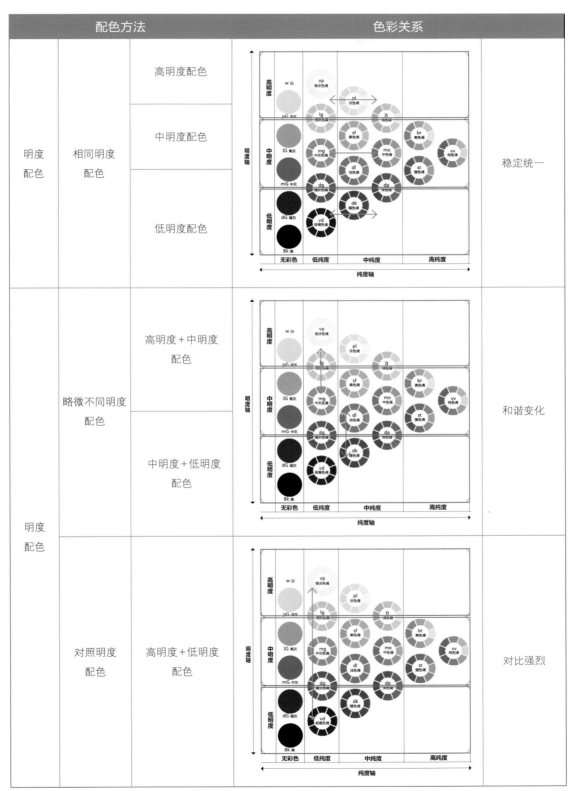	稳定统一
		中明度配色		
		低明度配色		
明度配色	略微不同明度配色	高明度+中明度配色		和谐变化
		中明度+低明度配色		
	对照明度配色	高明度+低明度配色		对比强烈

图 4-12　相同明度配色

图 4-13　略微不同明度配色

图 4-14　对比明度配色

第三节 / 以纯度为主的配色

在色彩三属性中纯度是最难理解的，在实际配色操作中又非常重要。

纯度可分为高纯度、中纯度、低纯度，以纯度为主的配色方式有：高纯度＋高纯度、高纯度＋中纯度、高纯度＋低纯度、中纯度＋中纯度、中纯度＋低纯度、低纯度＋低纯度（图4-15）。

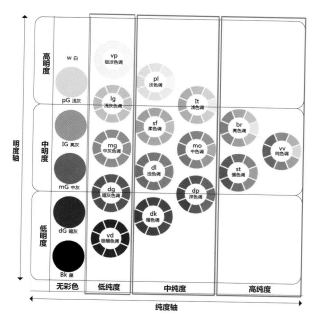

图4-15 纯度关系图

其中，高纯度＋高纯度、中纯度＋中纯度、低纯度＋低纯度，属于相同纯度配色；高纯度＋中纯度、中纯度＋低纯度，属于略微不同纯度配色；高纯度＋低纯度，属于对照纯度配色。综合前面以色相以及以明度为主的配色经验，人们会顺其自然地认为：相同纯度配色关系和谐稳定，对照纯度配色最为强烈，但这样的推论并不成立。

对照纯度配色，色彩饱和度差异大，形成强烈的色彩对比。略微不同于纯度配色，色彩饱和度有差异，但没有前者强烈，色彩丰富且富有变化。相同纯度配色情况比较复杂，我们先来看低纯度配色，虽然明度差异大，但色味弱，整体表现出稳定质朴的色彩关系；高纯度及中纯度配色，色彩都较为饱和，色彩性格强烈，稳定感降低，呈现出华丽活泼的色彩关系（表4-3、图4-16~图4-18）。

表 4-3 以纯度为主的配色方法

配色方法			色彩关系	
纯度配色	相同纯度配色	高纯度配色	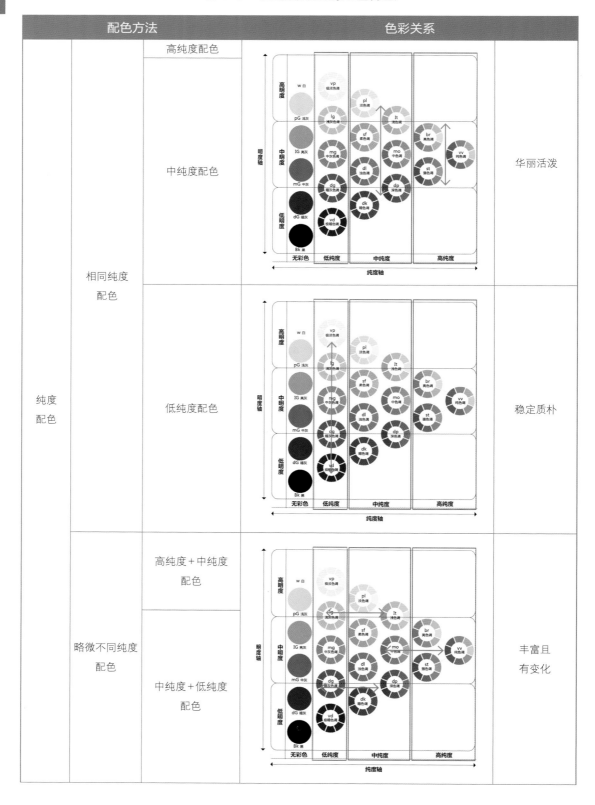	华丽活泼
		中纯度配色		
		低纯度配色		稳定质朴
	略微不同纯度配色	高纯度+中纯度配色		丰富且有变化
		中纯度+低纯度配色		

配色方法			色彩关系	
纯度配色	对照纯度配色	高纯度+低纯度配色	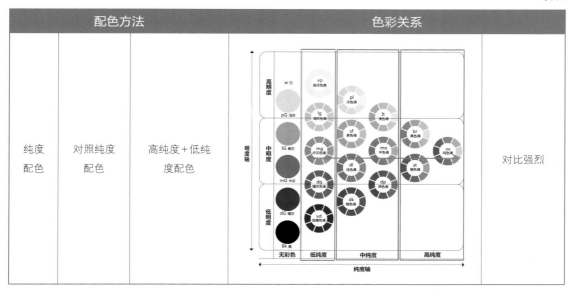	对比强烈

图 4-16 相同纯度配色

图 4-17 略微不同纯度配色

图 4-18 对比纯度配色

第四节 / 以色调为主的配色

以色调为主的配色，可分为同一色调配色、类似色调配色、对比色调配色三类。下面逐一看看三类色调配色的具体表现。

一 同一色调配色

同一色调配色是指将相同色调，不同颜色搭配在一起形成的一种配色关系。同一色调的色彩在纯度和明度方面具有共同性，但由于色相的不同明度略有变化，如紫色和黄色。

不同色调会产生不同的色彩印象，如果将纯色调放在一起会产生活泼的效果，淡色调则产生肃静的效果。当对比色相和对照色相配色时，通常可以用同一色调的方式进行色彩调和，如图4-19所示，红、绿色相组合属于上文中提到的对照色相配色，对比效果强烈，但图中刻意降低了明度和纯度，弱化了色相的支配性，让色调起到了主导作用并对色相进行调和。

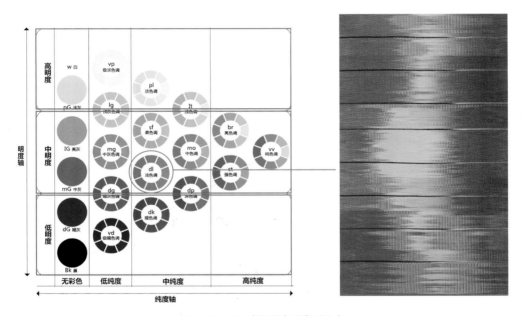

图 4-19　同一色调配色调和对比色

二 类似色调配色

类似色调配色是指将色调图中相邻或相近的两个或两个以上色调搭配在一起的配色方式。

类似色调配色的美妙之处在于色调与色调之间微妙的变化，由于纯度或明度的变化，再加之色相的不同，配色丰富且有层次变化，不会产生呆板的凝滞感（图4-20、图4-21）。

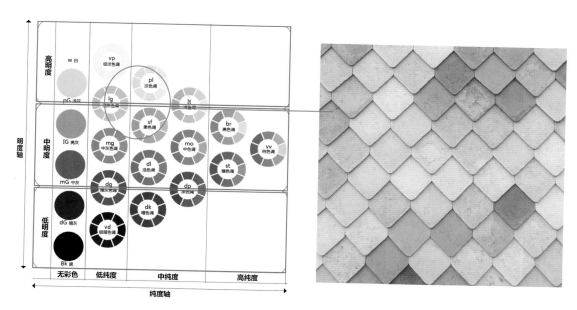

图 4-20 类似色调配色 1

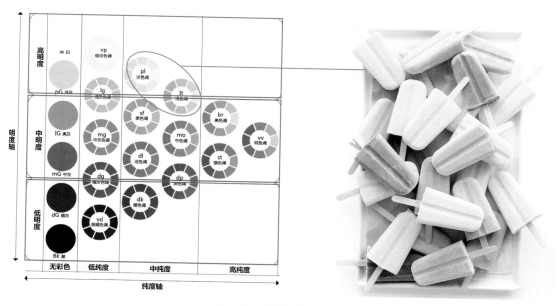

图 4-21 类似色调配色 2

三 对比色调配色

对比色调配色是指相隔较远的两个或两个以上的色调搭配在一起的配色。

对比色调配色可能会因纯度差异较大，或明度差异较大，产生鲜明的视觉对比，有一种"相映"或"相拒"的力量使之产生对比的调和感（图 4-22）。

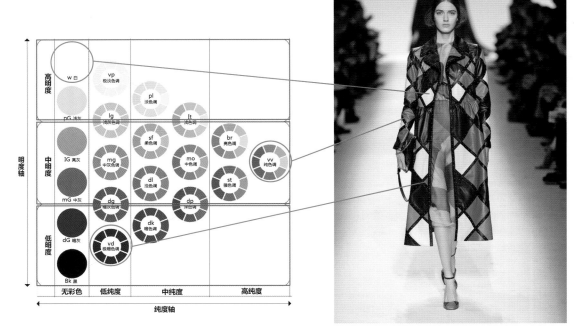

图 4-22 对比色调配色

第五节 / 渐变式的配色

采用多种色彩形成渐变过渡，形成独特的秩序感和流动感，这样的配色方式称为渐变式配色，是服装色彩常用的配色方法。

渐变配色包括色相渐变、明度渐变、纯度渐变，也包括三属性混合渐变。

一 色相渐变

以色相环为配色依据，将两种以上的邻近色、类似色搭配在一起，或将对照色、对比色搭配在一起，按一定规律搭配组合形成色相渐变。

色相渐变视觉冲击力强，效果强烈，但不易掌握，因此是渐变配色中最不易调和的配色形式。在具体配色中，如果选用对比强烈的色相，可相应调整色彩的饱和度或明度，进行色彩调和（图 4-23、图 4-24）。

图 4-23　色相渐变在服装色彩设计中的
　　　　　运用

图 4-24　全色相渐变在服装配饰中的运用

二　明度渐变

　　以明度的渐进变化进行配色，通过从高明度过渡到低明度，或从低明度过渡到高明度，体现出色彩的层级。总体来说，明度渐变搭配出的色彩效果和谐统一，且容易掌握，是服装色彩设计常用的配色手段（图 4-25、图 4-26）。

图 4-25　明度渐变在服装色彩设计中的运用 1

图 4-26　明度渐变在服装色彩设计中的
　　　　　运用 2

三 纯度渐变

以色彩纯度渐进变化为配色方法，由于整体色彩融合鲜亮色和灰暗色，所以纯度渐变相对于明度渐变更具色彩感，变化也更为丰富（图4-27）。

图4-27 纯度渐变在服装色彩设计中的运用

第五章

PRAT5
服装色彩配色原则

课题名称： 服装色彩配色原则

课题内容： 调和型配色

　　　　　　对比型配色

课题时间： 8 课时

教学目的： 配色原则是服装色彩设计的总体思路和指导方法，需根据塑造对象判断运用调和型配色还是对比型配色。

教学要求： 1. 掌握调和型配色的用色及配色特点，并熟练运用同一调和、类似调和、隔离调和配色方法。

　　　　　　2. 掌握对比型配色的用色及配色特点，并熟练运用强调色相对比、强调明度对比、强调纯度对比、强调面积对比配色方法。

课前准备： 广泛阅览并收集服装及饰品图片。

服装色彩是服装观感的重要因素，人们对色的敏感度远远超过对形的敏感度，颜色具备极强的吸引力和感染力，它在服装设计中的地位是至关重要的。若想让各种色彩在服装设计中得到淋漓尽致的发挥，必须重新了解其特性及常用的配色原则。

配色原则是服装色彩设计的总体思路和指导方法，设计师根据设计对象采用匹配的色彩表达形式。配色原则可分为调和型配色和对比型配色两大类。

第一节 / 调和型配色

一 调和型配色原则

调和型配色，是服装色彩设计配色原则之一，其配色法则是根据色相、明度、纯度的变化特点，寻找色彩间的规律和秩序，通过色彩面积大小、位置、材质差异等方面的搭配，在视觉上形成既不过分刺激，又不过分暧昧的色彩关系。

调和型配色，目的在于创造和谐的色彩关系，旨在单纯中寻找色彩的变化，在和谐中求色彩的明暗，在平衡中产生节奏的美感。其主要表现形式有三类：同一调和、类似调和、隔离调和。

二 调和型配色表现形式

1.同一调和

同一调和是指在色相、明度、纯度三属性中具备其中任何一个共同的因素，在此前提下搭配出和谐的色彩效果。这种配色方式很容易产生色彩统一感，所以最容易被掌握。

（1）同色相调和：只保留色相的同一性，明度、纯度进行变化的色彩组合形式（表5-1）。

表 5-1　案例分析——同色相调和

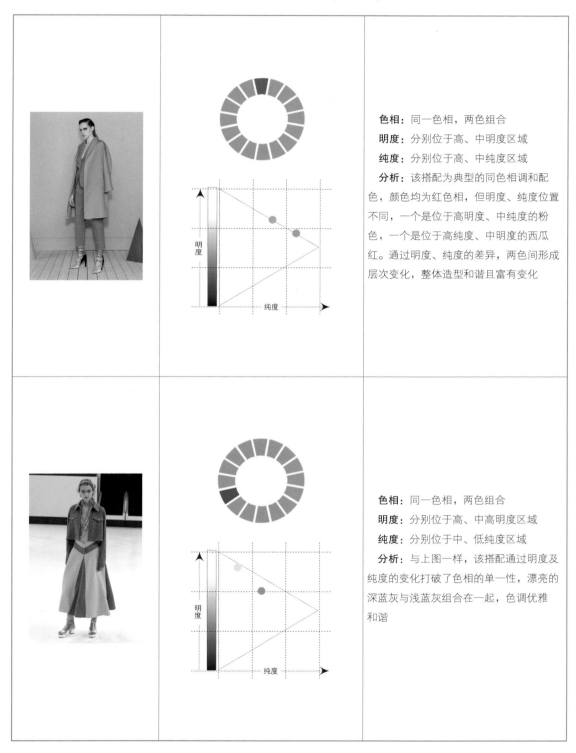

色相：同一色相，两色组合
明度：分别位于高、中明度区域
纯度：分别位于高、中纯度区域
分析：该搭配为典型的同色相调和配色，颜色均为红色相，但明度、纯度位置不同，一个是位于高明度、中纯度的粉色，一个是位于高纯度、中明度的西瓜红。通过明度、纯度的差异，两色间形成层次变化，整体造型和谐且富有变化

色相：同一色相，两色组合
明度：分别位于高、中高明度区域
纯度：分别位于中、低纯度区域
分析：与上图一样，该搭配通过明度及纯度的变化打破了色相的单一性，漂亮的深蓝灰与浅蓝灰组合在一起，色调优雅和谐

（2）同明度调和：只保留明度的同一性，通过色相、纯度进行变化的色彩组合方式（表5-2）。

表 5-2　案例分析——同明度调和

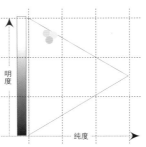

色相：三色配色

明度：均位于同一高明度区域

纯度：均位于低纯度区域

分析：三色中粉红色与粉紫色为类似色相，粉红色与粉绿色为对照色相，粉红色为支配色相。整体造型色相丰富，但三色均位于同一高明度区域，大量白色的加入削弱了色相的性格，反而塑造出一个甜美可爱的仙子形象

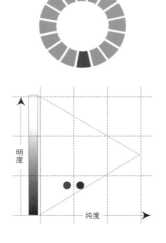

色相：两色配色

明度：均位于低明度区域

纯度：分别位于中、低纯度区域

分析：橙色和绿色为对照色相，都象征希望和活力，因此在运动产品及休闲系列中经常能看到橙色和绿色的组合。图中橙色和绿色位于低明度区域，黑色的加入，使两色的色性大大降低，塑造出与活力截然不同的成熟稳重的色彩形象

（3）同纯度调和：保留纯度的同一性，通过色相、明度进行变化的色彩组合方式。该组合需要注意的是，当色彩位于中、高纯度区域时，不能选用对比或互补色相，强烈的色相对比会破坏和谐的气氛，此时建议使用同类或类似色相进行配色（表5-3）。

表 5-3　案例分析——同纯度调和

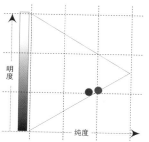

色相：两色配色

明度：均位于中、低明度区域

纯度：均位于中纯度区域

分析：蓝、紫在色相环中为邻近色，均位于中纯度区域。该区域色彩浓郁厚重，但因为邻近色的原因，色彩间有一定的亲缘关系，避免了色彩间的碰撞，营造出一个相对和谐的氛围

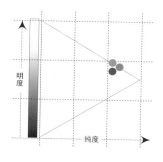

色相：三色配色

明度：均位于中明度区域

纯度：均位于高纯度区域

分析：三色为类似色相，均位于高纯度区域，色彩饱和且冲击力强。但幸运的是，三色间亲缘性强综合了部分冲击，紫与黄、红与蓝搭配类型相比，该搭配要和谐一些

2. 类似调和

色相、明度、纯度三者处于某种近似状态的色彩组合，它较同一调和有微妙的变化，色彩之间属性差别小，但更为丰富一些。

（1）类似色相调和：色相类似，通过明度、纯度进行变化的色彩组合（表5-4）。

表 5-4　案例分析——类似色相调和

	 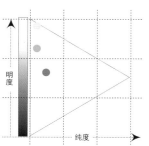	**色相**：类似色相配色 **明度**：分别位于高、中明度区域 **分析**：该组合属于类似色相配色，色相关系和谐。咖啡色的裙装，卡其色的西服外套，整体搭配商务感极强，浅杏色真丝衬衫恰到好处地打破了整体的凝滞感，加入女性的柔美，使色彩变得丰富而温暖
	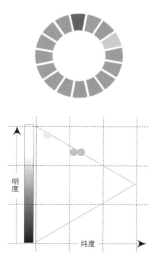	**色相**：类似色相配色 **明度**：位于高明度区域 **纯度**：位于中、低两个纯度区域 **分析**：该组合为类似色相配色，使用充满活力和能量的红色系、橘色系。粉色和粉橘色位于同一明度、纯度区域，且因色相太过于相近，色彩层次含糊不清。位于高明度区域的浅粉色恰如其分地化解了这份尴尬，微妙的明度变化增加了色彩层次，使整体造型色彩丰富且有节奏感

（2）类似明度调和及类似纯度调和：

①类似明度调和：明度类似，通过色相、纯度进行变化的色彩组合。

②类似纯度调和：纯度类似，通过色相、明度进行变化的色彩组合。

需要注意的是，在这两类调和中，如果采用对比色相或互补色相进行配色时，可通过降低饱和度调整明度的方式进行色彩调和，避免采用高纯度色。

在类似调和中，明度与纯度相互制约、相互影响，如双胞胎一样，如影随形。它们不像上文提到的同一调和的明度、纯度有相对明确的同一性，因此在下面的案例分析中，将两个类似调和放在一起进行说明（表 5-5）。

表 5-5　案例分析——类似明度、类似纯度调和

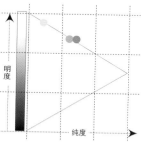

色相：三色配色

明度：均位于高明度区域，具体位置不在一起但很靠近，属于类似明度

纯度：分别位于中、低纯度区域

分析：该搭配在色相上采用了对照色，通过同时降低纯度、提高明度的方法，减弱了对照色之间的冲突，尤其是紫色的类似色，浅粉色的加入成为紫、黄两色的过渡色，起到很好的调和作用。该造型色彩层次丰富，年轻且富有活力

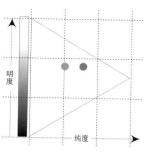

色相：互补色相配色

明度：均位于中明度区域，两色位置很靠近属于类似明度

纯度：均位于中纯度区域，且位置很靠近，属于类似纯度

分析：蓝、橙为互补色，通过类似调和的方法降低了两色的明度及纯度，色味变得稳重平和，与飘逸的纱质面料结合，整体色彩优雅浪漫

3.隔离调和

隔离调和是指在对比度强烈的色彩之间，采用无彩色系、金、银等颜色进行分隔，或者用间色进行分割，打破色彩的对比从而在视觉上形成调和的视觉效果（表 5-6）。

表 5-6　案例分析——隔离调和

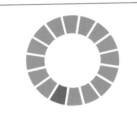

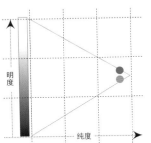

色相：对比配色＋无彩色系

纯度：位于高纯度区域

分析：蓝、橙本为对比色，且都位于高纯度区域，色性极强，对比强烈。但由于黑色、灰色的加入，无序地穿插在蓝、橙两色之间，像打翻的色盘，很好地破坏了蓝、橙两色的对立性，使整个色彩关系变得和谐随意

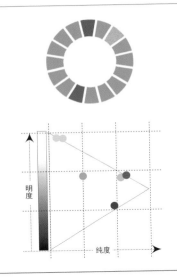

色相：对比配色＋间色

纯度：位于高、中纯度区域

分析：该色彩组合运用红、黄、蓝色配色，其中采用无数的间色将红、黄、蓝打破隔离开，视觉上色彩关系稳定，统一和谐

第二节 ／ 对比型配色

一　对比型配色原则

　　除了调和型配色外，对比型配色是服装色彩设计中的又一基本法则。对比型配色是指色彩间对比，是两种或两种以上色彩形成的视觉差别现象。无论是色相对比、明度对比、纯度

对比，还是利用色彩面积进行对比，其目的是达到强烈视觉冲击的效果，与调和型配色追求的目的截然相反。

二 对比型配色类型

1.强调色相对比

色相对比是服装色彩设计中经常使用的手法。在色相对比中，色相间距离越远越能形成对比关系。也就是说同类及类似色相的组合，稳定性强，统一性大于对比性；对比色及互补色对比强烈，如红与绿、黄与蓝、紫与橙等色彩，组合在一起能达到强烈、醒目、刺激、兴奋的视觉效果，对比性大于统一性，因此对照色及互补色在对比型配色中运用非常多（表5-7）。

表 5-7　案例分析——强调色相对比

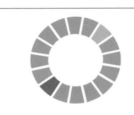
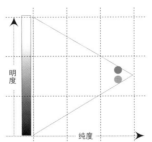

色相：互补色配色

明度：位于中明度区域

纯度：位于高纯度区域

分析：蓝色、橙色为互补色，同时位于高纯度区域，色彩性格强烈，因为蓝、橙两色间没有起主导作用的过渡色或间色，因此形成互补色直接对比，效果强烈且活泼

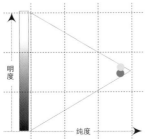

色相：对照色配色

明度：位于中明度区域

纯度：位于高纯度区域

分析：此图的色彩组合方式与上图一致，两色互为对照色，且处于高纯度位置，极其饱和的黄色与蓝色形成强烈对比，在面积上势均力敌，谁都没占主导地位，因此形成两者势力的对抗

2.强调明度对比

因色彩明度的差异而形成的对比，称为强调明度对比。明度对比是色彩构成的重要因素，色彩的层次及空间关系需依靠色彩的明度来表现，如果只有色相、纯度而无明度变化，色彩的关系会含糊不清，且轮廓形状无法辨认（表5-8）。

表5-8　案例分析——强调明度对比

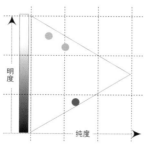

色相：三色配色

明度：位于高、低明度区域

纯度：位于中、低纯度区域

分析：该图主色为蓝色，小面积点缀黄色。当主色为一个色调时，呈现出的应该是一个统一稳定的色彩关系，但该图配色通过不同蓝色的明度对比，打破了统一感，营造出不稳定的、运动的视觉效果。此时有人会有疑问，在此图的配色中除了明度对比外，还有纯度对比、色相对比，但为什么不属于这两类对比呢？因为我们在一组配色关系中，需要看哪种色彩起视觉主导作用。首先，黄色与蓝色为对照色，但黄色以小面积点缀色的形式出现，其对比不起主导作用；其次，纯度从中纯度区向低纯度区过渡，明度则从高明度区跨越到低明度区，明度变化最大，因此该图是以明度对比占主导

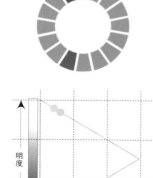

色相：三色配色

明度：位于高、低明度区域

纯度：位于中、低纯度区域

分析：与上图原理一致，该图虽用到对照色相，但因纯度及明度的原因，色相对比不明显，不是产生视觉冲击的关键。反而，高明度、低纯度的浅粉紫色与低明度、中纯度的酱紫色形成强烈的明度差，再加上面积差，在视觉上形成强冲击

3.强调纯度对比

由色彩纯度差别而形成的对比称为纯度对比，对比的强弱取决于纯度差（表5-9）。

表5-9　案例分析——强调纯度对比

	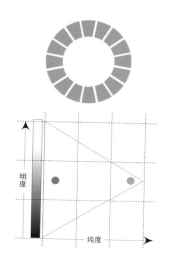	**色相**：同一色相配色+无彩色 **纯度**：位于高、低纯度区域 **分析**：依据前面章节学过的知识，同一色相配色应该营造出和谐统一的色彩形象，但该图同时运用了纯度对比，从高纯度跨越到低纯度区域，尤其是白色的加入，使亮橘色变得更明亮，加剧了橘色与棕色的对比，纯度差打破了同一色相营造的和谐
	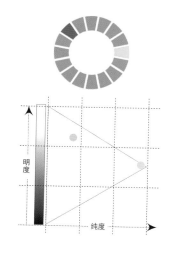	**色相**：两色配色 **纯度**：位于高、低纯度区域 **分析**：黄色停留在高纯度区，紫色则降低了饱和度，弱化了黄、紫两色的冲突，加强了纯度差带来的对比

4.强调面积对比

色彩的面积对比是指色相的多与少、大与小的对比，通过加剧各色相之间的比例差达到强烈对比，营造出不稳定的视觉感受（表5-10）。

表 5-10　案例分析——强调面积对比

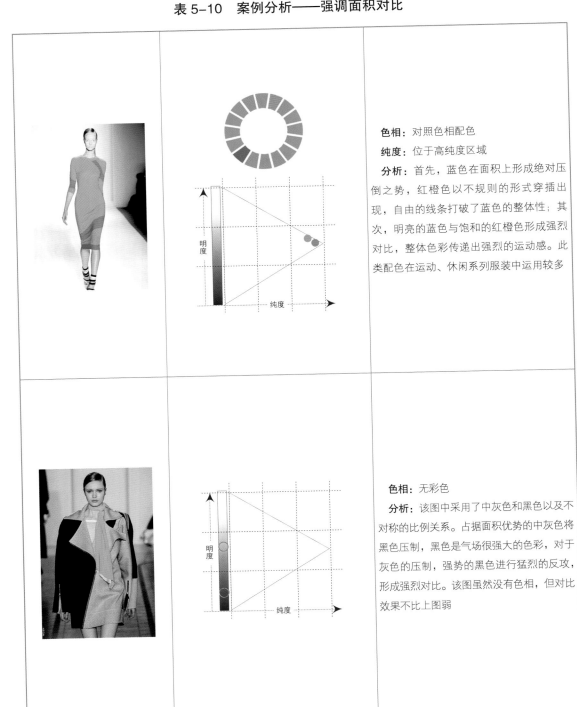

色相： 对照色相配色

纯度： 位于高纯度区域

分析： 首先，蓝色在面积上形成绝对压倒之势，红橙色以不规则的形式穿插出现，自由的线条打破了蓝色的整体性；其次，明亮的蓝色与饱和的红橙色形成强烈对比，整体色彩传递出强烈的运动感。此类配色在运动、休闲系列服装中运用较多

色相： 无彩色

分析： 该图中采用了中灰色和黑色以及不对称的比例关系。占据面积优势的中灰色将黑色压制，黑色是气场很强大的色彩，对于灰色的压制，强势的黑色进行猛烈的反攻，形成强烈对比。该图虽然没有色相，但对比效果不比上图弱

第六章

PRAT6

服装常用色系的搭配及运用

课题名称：服装常用色系的搭配及运用

课题内容：无彩色系的搭配及运用

有彩色系的搭配及运用

课题时间：8 课时

教学目的：基于前面章节的理论学习，从本章节开始
大量结合图片资料进行案例分析，从无彩
色系及有彩色系入手，分别探讨常用色系
如何运用于服装搭配，将理论结合实践。

教学要求：1. 了解无彩色系特点，结合前面学到的
色彩知识及配色原则，分析并掌握无彩
色系是如何运用在服装搭配中的。

2. 了解有彩色系特点，分析并掌握有彩
色系是如何运用在服装搭配中的。

课前准备：广泛阅览并收集服装图片。

作业要求：1. 选取一张无彩色系服装搭配图，根据
本章的知识点进行运用分析，加深对无
彩色系搭配及运用的理解。尺寸：A4，
需有文字说明。

2. 分别选取两张有彩色系服装搭配图，
根据本章的知识点进行运用分析，加深
对有彩色系搭配及运用的理解。尺寸为
A4，需有文字说明。

从本章开始进入运用篇，以人们日常生活着装色为出发点，结合前面所学习的理论知识及配色方法，对实际案例进行深刻剖析，使读者能通过生动形象的案例加深理解，并逐步掌握服装色彩运用及搭配技巧。

第一节 / 无彩色系的搭配及运用

无彩色系，在狭义上是指无色彩倾向的颜色，不存在色相环中，只出现在色调图的明度轴上，是将纯黑逐渐加白，由黑、深灰、中灰、浅灰到纯白的颜色。广义上，除了黑、白、灰，还包括金色和银色（表 6-1）。

因为无色相变化，只有明度变化，所以相对于其他色系颜色来说，无彩色系搭配起来最不容易出错，不仅初学者容易掌握，而且还是时尚品牌的常规用色，属于永远不会被流行淘汰的时尚用色。

表 6-1　无彩色系——色彩定位

色相定位	色调定位
无色相	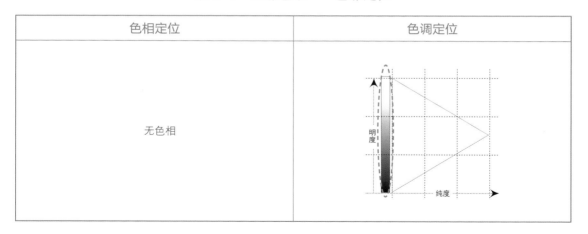

1.单色配色

无彩色系以黑、白、灰整色块的形式出现时，分别传递出暗色调、淡色调的极端情感表现，因此塑造的形象差异较大（表 6-2）。

表 6-2　案例分析——无彩色系单色配色

	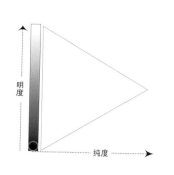	**分析**：纯正的黑色，传递出沉重、镇定、深邃的感觉，塑造出女性的坚强和干练的形象
	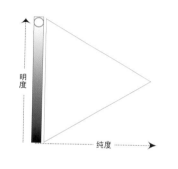	**分析**：纯正的白色，尤其在单独使用时，能塑造出圣洁、纯真的形象，高贵而又典雅，是女性非常喜欢的用色
	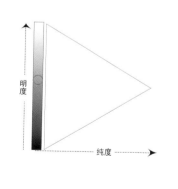	**分析**：灰色居于黑色与白色之间，是完全中性的颜色，既不强调也不抑制。没有黑色的神秘，也没有白色纯净，给人以质朴、冷静的独特气质。所以灰色是塑造职场女性不可缺少的用色

2. 多色配色

　　无彩色以多色间隔的形式出现时，会削弱黑色、白色强烈的情感色彩，并将黑色、白色、灰色的凝滞感打破，传递出运动感。明度差异越小，稳定感越强；明度差异越大，不稳定感越强烈，如经常出现在运动休闲系列中的黑白条纹（表6-3）。

表 6-3　案例分析——无彩色系多色配色

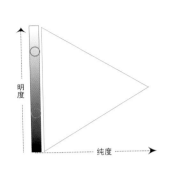

分析：同为灰色，但由于明度不同形成不同色调的灰。浅灰带有白色的语义，纯洁而净透；中灰稳定而内敛，搭配一起和谐而富有变化，塑造出冷静、素雅的职业女性形象

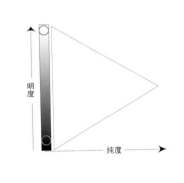

分析：白色和黑色搭配在一起，形成强烈的视觉对比，黑色、白色的稳定感、凝滞感被打破，运动的感觉大幅提升

第二节 / 有彩色系的搭配及运用

一　大地色系

　　大地色系为暖色系，是指咖啡色、棕色、米色、卡其色等来自于大自然土地的色彩。

　　该系列色彩位于明浊色调、微浊色调、暗浊色调区域，表现出素净、亲密、高级、成熟的色彩语言。从表 6-4 的色相定位图可以看出，大地色系的色相亲缘性非常强，基本为类似色相和临近色相，属于调和型配色。所以大地色系在配色中虽没有明艳的色彩关系，但和谐的色调突显成熟和优雅，是打造职场优雅女性的理想颜色（表 6-4）。

表 6-4　大地色系——色彩定位

色相定位	色调定位

1.单色配色

　　大地色系为暖色相，不管是高明度的浅驼色还是低明度的深棕色，都给人温暖、稳定、可靠的感觉，很适合作为单色大面积使用（表 6-5）。

表 6-5　案例分析——大地色系单色配色

	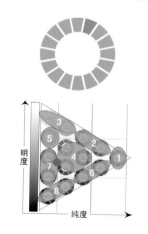	**分析**：单色配色，色彩位于微浊色调区。其色彩和谐、统一，体现出职场女性的成熟和优雅
	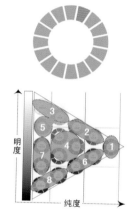	**分析**：单色配色。与上图相比，为同一色相，但位于明浊色调，提高了明度降低了纯度，相比之下，该图整体色感温暖更具有亲近感

2.多色配色

从色彩定位图中可以看出，大地色系为类似色相，属于第四章提到的调和型配色。当大地色系进行多色组合时，即便纯度、明度同时变化，整体色彩关系都是较为和谐，是容易被掌握且经常被运用在各类服装设计中的配色组合（表6-6）。

表6-6 案例分析——大地色系多色配色

	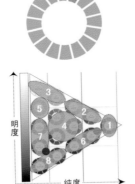	**色相**：同一色相多色配色 **分析**：虽属于同一色相，但由于明度、纯度不同，形成两种截然不同的颜色。一个是靓丽的橘色，一个是带有异域风情的咖啡色。咖啡色为主色，决定了成熟的基调，橘色作为跳色小面积的出现，在配色中打破了咖啡色的厚重感
	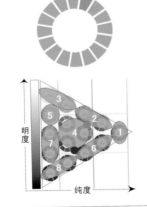	**色相**：同一色相多色配色 **分析**：与上图一样属于同一色相配色，但不同的是该图服装橘色是主色、咖啡色是辅色，与上图相比这套服装的色彩搭配更显年轻。由于橘色和咖啡色的面积差异不大，基本属于等比关系，所以整体色彩关系较稳定
	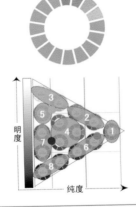	**色相**：邻近色相多色配色 **分析**：三色分别位于明浊色调、微浊色调、暗浊色调。与上两图相比，该服装以淡雅的浅驼色为主色，浅色有减龄的作用。其次，从色调图中可以看出，明浊色调、微浊色调、暗浊色调形成稳定的对比关系，整体色彩统一且富有变化，优雅中传递出青春的气息

二 糖果色系

糖果色系为色相环中的所有色相，在本书中称其为全色相。糖果色系基本位于纯色调区、明色调区，部分位于淡色调区。明确的色相、饱和的纯度，使这一系列的色彩充满年轻人的活力（表6-7）。

表6-7　糖果色系——色彩定位

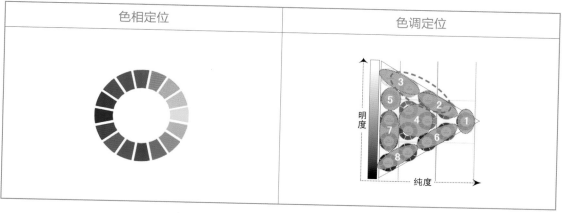

色相定位	色调定位

1.单色配色

位于淡色调区、明色调区的糖果色系，色彩性格明确，经常被使用在目标消费者是年轻人的时尚品牌中。位于纯色调的糖果色系，在运用时需谨慎，高饱和度的色彩很容易塑造出视觉强烈的产品形象，但同时也很容易传递出躁动不安和廉价的感觉（表6-8）。

表6-8　案例分析——糖果色系单色配色

 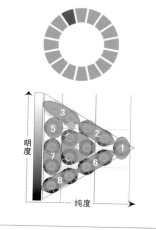

分析：紫红色华丽高贵，位于淡色调的紫红色加入了大量的白色，成熟、华丽的成分被大大减弱，却增加了甜蜜、可爱的气息

服
装
色
彩
搭
配

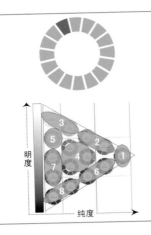

分析：该图的亮粉色与上图的浅粉色为同一色相，但不同的纯度使同一色相的两种颜色呈现出完全不同的视觉效果。与上图的甜蜜、可爱相比，位于明色调区的亮粉色更具女性的妩媚

2. 多色配色

在多色配色中，糖果色系因其明确的色相，不管是运用同类色对比、邻近色对比、对比色对比还是互补色对比，都传递出不可抑制的青春与活力。二至三色的搭配方式经常被运用，但是三色以上的配色不是易事，需要搭配技巧，如果搭配不好很容易产生杂乱、喧闹、廉价的效果（表6-9）。

表6-9　案例分析——糖果色系多色配色

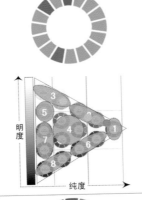

色相：三色配色

分析：亮粉、亮蓝色位于明色调区，浅紫色位于淡色调区。该图中亮蓝色为主色，亮粉、浅紫色为辅助色，亮粉与亮蓝色是对比色，面积的对比以及色相的对比，形成强视觉冲击，整体形象活泼且富有生气

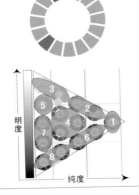

色相：共四个色相，运用同类色及对比色对比的手法

分析：浅蓝、浅粉、浅橘色位于淡色调区，亮粉色位于纯度更饱和的明色调区。

亮粉色以跳色的形式小面积地出现在服装中，打破了淡色调的统一感，增加了活力。与上图相比，色相类似，但该图整体色调稍浅，因此整体造型更为可爱甜美

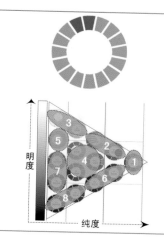

色相：三色配色

分析：三色分别位于浅色调区、亮色调区、纯色调区。该图虽为类似色相配色，但阶梯式的明度渐变给整体配色带来丰富的层次变化，协调且充满律动感

三　裸色系

　　裸色，狭义上又称为皮肤色，是与肤色接近且轻薄、透明的颜色，如肉色、米白、淡粉等单纯清新的颜色都属裸色之列，裸色总是在不经意间流露出含蓄的性感魅力，除此之外，裸色在广义上还包括青色。

　　裸色系位于淡色调及明浊色调区，该区域色彩加入大量的白色，色味被大大削弱，体现出无力的纤细感，色彩性感而优雅，是近几年风靡国际时尚T台的流行色（表6-10）。

表6-10　裸色系——色彩定位

色相定位	色调定位
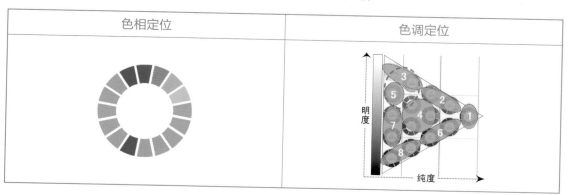	

1.单色配色

　　裸色，可以说是专属女性的用色，淡淡的色味，如缠绕在指尖的薄雾，若隐若现，让人琢磨不透。裸色极易大面积单色使用，尤其与各类纱质、丝绸类、皮革类面料结合时，女人味分分钟爆表，传递出性感、优雅。裸色是高级女装的重要用色（表6-11）。

表 6-11　案例分析——裸色系单色配色

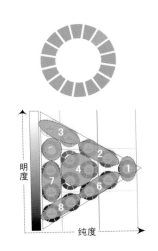

分析：颜色位于中高明度、低纯度的明浊色调区，色味偏淡。由于面料材质的差异，相同颜色会出现不同的视觉效果，使整体色彩出现微妙的差异。此类色彩柔和沉稳，是塑造成熟女性很好的选择

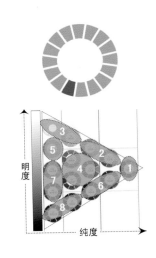

分析：颜色位于高明度、低纯度的淡色调区，色味非常淡，基本上接近无色，体现出无力的纤细感，性感而优雅，像不食人间烟火的仙子。由于色相为冷色，给人以冷傲的距离感

2.多色配色

　　裸色空灵性感，是很适合女性的用色，当多种裸色搭配使用时，需注意色彩的层次，因裸色基本集中在淡色调区、明浊色调区，属于类似色调配色，色味弱，如果色相对比不大，在视觉上很难看出色彩轮廓，无色彩层次可言。因此，为丰富色彩层次，在以裸色为主色的多色搭配中，可选用其他色调区域的色彩进行搭配（表 6-12）。

表 6-12　案例分析——裸色系多色配色

	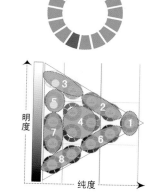	**色相**：补色色相配色 **分析**：颜色分别位于淡色调区和明浊色调区，利用色相差加大对比，并在裙子的局部点缀稍饱和的色彩
	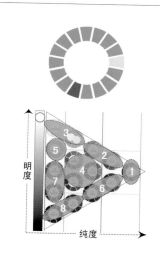	**色相**：多色配色 **分析**：整体色调位于色味最淡的淡色调区，通过黄色、蓝绿两色的对比，打破整体的凝滞感，增加了色彩的层次

四　自然色系

　　自然色，顾名思义为自然界自然存在的一切颜色，非人工色。自然色范围很广，从泥土到枯木的颜色，从动物皮毛到铁片锈迹的颜色，如赭色、砖色、土红、草色、墨绿、青绿、秋香色、橄榄绿、黄绿、灰绿、土黄、咖啡色、灰棕色、卡其色……自然色包罗万象，几乎包括全色盘上所有的颜色。

　　自然色以微浊色调、暗浊色调为主，以微暗色调及暗色调为辅，色调范围最广。自然色系色味浓郁、厚重朴实，色彩之间的包容性强，适合多色搭配。自然色代表着与自然亲近，在环保主义越来越被重视的今天，自然色系成为时尚潮流色彩（表 6-13）。

表6-13 自然色系——色彩定位

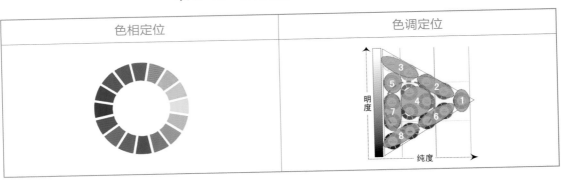

色相定位	色调定位

1.单色配色

自然色是户外用品的专属色彩,各类来自自然的色调让消费者很容易联想到广袤的森林、无垠的草地、路边的青苔、池中的绿藻、裸露的岩石、五彩的矿物等。

随着时尚潮流的发展,在高级时装中也出现了自然色系的身影,这些略带粗糙感的色彩与真丝类材质结合后,综合出强烈的异域风情,带着草地的清新、百花的芬芳扑面而来(表6-14)。

表6-14 案例分析——自然色系单色配色

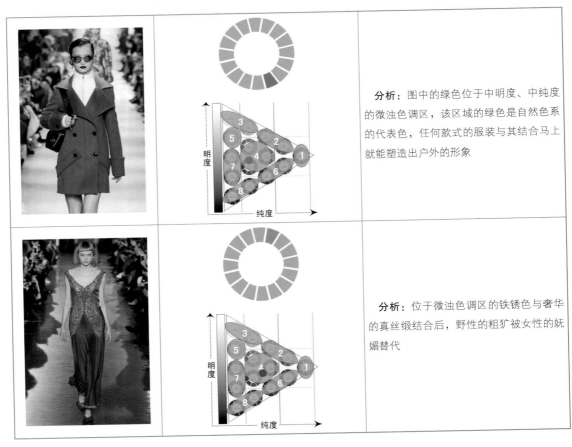

分析:图中的绿色位于中明度、中纯度的微浊色调区,该区域的绿色是自然色系的代表色,任何款式的服装与其结合马上就能塑造出户外的形象

分析:位于微浊色调区的铁锈色与奢华的真丝缎结合后,野性的粗犷被女性的妩媚替代

2.多色配色

由于自然色系有很强的包容性，因此，适合多色组合，浓郁的色味组搭在一起，传递出强烈的户外气息和少民族服饰的韵味（表6-15）。

表6-15 案例分析——自然色系多色配色

	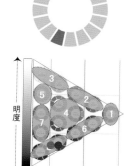	**色相**：补色色相配色 **分析**：虽为补色色相配色，但两色均位于暗色调区域，属于同一色调配色，相同的纯度及明度中和了色相的对比冲突，整体色彩自然和谐
	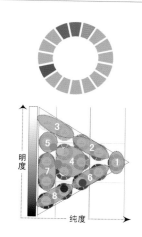	**色相**：多色配色，运用了中差色相配色及对照色相配色 **分析**：色彩分别位于暗浊色调区、微暗色调区。这两个色调区较接近，因此属于类似色调配色。暗浊色调区纯度低，在此区域的色彩色味非常弱，色相被弱化，色彩间的关系是浑浊不清的。此刻，将位于中纯度的微暗色调区的灰蓝和枣红色加入，相对浓郁的色彩打破了浑浊的局面，不规律的色彩分割形成对比，丰富了色彩层次

五 霓虹色系

霓虹色，原指霓虹灯发出的颜色，在这里指像彩虹一样漂亮的颜色。

霓虹色系为全色相，位于纯色调区，该区域色彩极其饱和，明亮的颜色带着年轻人的躁动扑面而来。霓虹色是年轻人的色彩，如一股狂潮首先席卷了运动及休闲类产品，近几年流行的荧光色也属于霓虹色系的范畴。受高端市场年轻化的影响，霓虹色在高端市场及奢侈品市场中使用越来越多（表6-16）。

表 6-16 霓虹色系——色彩定位

色相定位	色调定位
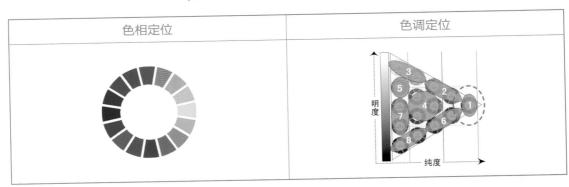	

1.单色配色

当霓虹色系被当作单色大面积使用时，极度饱和的色调无人可与之争锋，强大的气场绝对是全场的焦点（表 6-17）。

表 6-17 案例分析——霓虹色系单色配色

	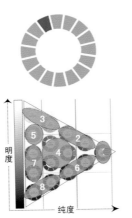	**分析**：位于纯色调区。粉色为女性用色，在性别模糊的当代，粉色也被广泛地运用在男装中，叛逆不羁
	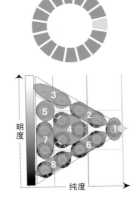	**分析**：首先，图中的颜色属于黄色相，在等色相环中是亮度最高的颜色；其次，色料中加入荧光剂，其明度比普通的黄色更为鲜亮。荧光色并不自然存在于自然界，而是在实验室合成的颜色，所以色彩有非真实的感觉

2.多色配色

霓虹色系特别适合多色组合，明亮的色彩，躁动的青春，不仅很容易传递出强烈的运动感，而且还能营造出浓郁的度假气氛（表6-18）。

表6-18　案例分析——霓虹色系多色配色

 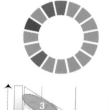

色相：多色相配色

分析：该图为典型的霓虹色系配色，斑斓的色彩像夜空中闪烁变色的霓虹灯绚烂夺目，又像是被射入万花筒的七色光，在不断的反射中交织出美丽的色网。该搭配没有主色，白色作为间色不规律地穿插在其中，起到一定的调和作用

 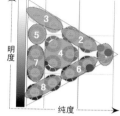

色相：互补色相配色

分析：该图用到偏红的橘色，偏蓝绿色和亮蓝色，尤其是亮蓝色添加了荧光剂，明亮度已超过等色相环的正常值，与红橘色搭配在一起格外抢眼。该图整体造型为休闲度假风，背心式裹身裙，随意自由的互补色搭配，带着海浪的气息扑面而来

六　金属色系

提到金属色，人们自然而然会想到金色、银色等，其实金属色并不是具体的颜色，而是指具有金属表面光泽的色彩。也就是说，色盘上的所有颜色，包括无彩色系，只要带有金属光泽的颜色就是金属色（表6-19）。

表 6-19　金属色系——色彩定位

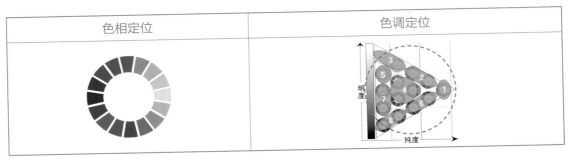

色相定位	色调定位

1.单色配色

无彩色系的金属色科技感非常强，适合用于未来主题的服装；淡色调、微浊色调区的色彩高雅，其金属色低调奢华非常适合高级时装；明色调、纯色调区色性强烈，在光泽的作用下其金属色会变得更加张扬、浮夸，适合夸张或年轻人的造型（表 6-20）。

表 6-20　案例分析——金属色系单色配色

 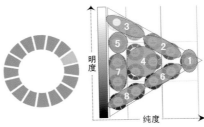

分析：该图是浅杏色的金属效果，浅杏色位于淡色区属于裸色系，色调轻柔唯美，它的金属色继承了这份柔美，淡淡的金属光泽传递出低调的奢华，非常适合高级女装使用

2.多色配色

设计师们对于金属色多色搭配总是爱恨交织的。因为金属色强烈的个性特征，在局部运用能起到画龙点睛的作用，不论是在高级时装还是在运动休闲装系列中都经常被运用。其次，如果多色均为金属色，在运用处理上一定要谨慎，高饱和度＋金属光泽很容易传递出廉价、低档的视觉感受，这类搭配在实际运用中也有但不多，可通过减低色彩饱和度的方式来进行调和（表 6-21）。

表 6-21　案例分析——金属色系多色配色

 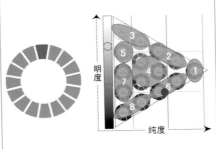

色相：多色配色

分析：金属色在进行多色搭配时，如果不希望色相太多、色彩关系不要太复杂时，无彩色系是很不错的选择。中性的无彩色系能起到很好的衬托作用，内敛的性格不用担心会抢了金属色的风头。该图便是金属色＋无彩色系的典型搭配，含蓄但很有性格

PART 7

影响服装色彩搭配的相关因素

课题名称：影响服装色彩搭配的相关因素

课题内容：服装色彩与设计风格

服装色彩与材质

课题时间：8 课时

教学目的：色彩如何与设计风格结合，掌握不同材质的面料对色彩呈现的影响。

教学要求：1. 掌握在不同服装设计风格中色彩是如何被运用，并通过大量的案例分析，让学生们掌握技巧和方法。

2. 了解色彩呈现与面料材质之间的关系，并通过大量的案例分析，让学生们掌握技巧和方法。

课前准备：广泛阅览并收集服装、面料图片。

作业要求：1. 选取两个不同的设计风格，每个风格选取 3 种造型，并分析其色彩是如何搭配。每一个风格一个展板，展板尺寸为 60cm×90cm，需文字说明。

2. 从无彩色系到有彩色系，共选两个颜色，每一个颜色对应至少六种不同材质的面料。每一个颜色一个展板，展板尺寸为 60cm×90cm，需文字说明，面料为实物。

第一节 / 服装色彩与设计风格

服装色彩是服装设计的一个重要组成部分,对于色彩的整体构思涉及风格、材质等因素。

一 浪漫主义风格

浪漫主义(Romanticism)是一种文学艺术的基本创作方法和风格,与现实主义同为文学艺术史上的两大主要思潮,这种文艺思潮产生于18世纪末到19世纪初的资产阶级革命和民族解放运动高涨的年代。它在政治上反对封建专制,在艺术上与古典主义相对立,属于资本主义上升时期的一种意识形态。

在艺术表现上,浪漫主义与古典主义学院派是完全对立的,它反对纯理性和纯抽象的表现,强调具体的描绘和情感的传达;反对用古代艺术法则来束缚艺术创作,主张自由奔放热情的主观描绘,使艺术家的感情在创作中得到充分传达;反对刻板的雕刻般造型和过分强调素描为主要表现手段,竭力强调光和色彩的强烈对比,采用动荡的构图和奔放流畅的笔触,以比喻或象征的手法塑造艺术形象,借以抒发画家的社会理想和美学理想。

因此,浪漫主义风格服装在创作中强调主观和主体性,注重轮廓的对比,突出女性曲线美,在装饰上运用褶皱、蝴蝶结、蕾丝、花朵、刺绣、钉珠等元素,整体追求精致的浪漫主义情怀。色彩方面,多使用轻柔飘逸、色相明确、色调柔和的色彩,主要集中在高明度、低纯度的淡色调和明浊色调区域,以及中纯度较高明度的明色调区域,色彩搭配充满了少女的情怀,如纯洁的白色、甜美的粉色、静谧的淡蓝色、俏皮的粉绿色,还有裸色系都是这一主题的主要用色(表7-1)。

表 7-1　案例分析——浪漫主义风格

	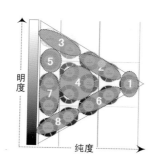	祖海·慕拉（Zuhair Murad）2015 年春夏系列作品。将位于明色调区域的蓝色与半透明质地的薄纱结合，珠片星星点点，宛如夜幕下的月亮女神，温柔妩媚
	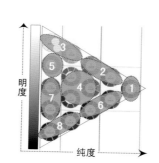	瓦伦丁·尤达什金（Valentin Yudashkin）2015 年春季发布作品。采用位于淡色调区域的粉绿为主体色，其中点缀粉红、粉紫的花瓣作为装饰，整体色调柔美浪漫，与纱质材料结合在一起，朦胧浪漫，宛如林中仙子

二　古典主义风格

　　古典主义(Classicism)，产生于 17 世纪法国的一种艺术思潮，它首先表现在文学和戏剧中，推崇理性主义，以古典时代的审美作为标准，并致力模仿。

　　古典主义作为一种艺术思潮，以古罗马、古希腊艺术为楷模，用传统的艺术理想和审美来表现道德观念，借古喻今以典型的历史事件表达当代的思想主题。古典主义绘画以此精神为内涵，提倡典雅崇高的题材、庄重单纯的形式，强调理性轻视情感、强调素描与严谨的外表、贬低色彩与笔触的表现、追求构图的均衡与完整，努力使作品产生一种古代的静穆严峻的美。在技巧上，古典主义绘画强调精确的素描技术和柔妙的明暗色调，注重形象造型呈现雕塑般的简练和概括，追求宏大的构图方式和庄重的风格。

　　因此，古典主义风格的服装整体呈现单纯、传统、稳定的特点。款式上多借鉴古希腊、古罗马服饰特征，不刻意强调人体曲线，利用面料特性去塑造服装与人体之间的空间。面料以丝、毛、棉等天然材质为主。在装饰方面，提倡简洁，没有过多的装饰手法及复杂的搭配，以穿着者为主体，通过弱化装饰注重功能性来衬托穿着者的气质。

色彩方面强调简洁单纯，通常采用单色配色，多运用淡色调、明浊色调区域色彩，通过素雅单色来表达服装风格的单纯性。但有时也会采用多色配色，这时会通过降低色彩的饱和度来弱化多色间的对比；或者利用同色相、类似色相、相邻色相原理进行配色调和；或者通过面积差实现色彩的单纯性，强化一个颜色，让这个色彩成为视觉主体，其他颜色成为点缀色（表 7-2）。

表 7-2　案例分析——古典主义风格

	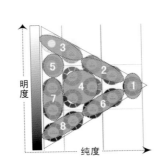	艾莉·萨博（Elie Saab）2011 年春夏系列高级定制作品。简洁的造型，素雅的裸粉色衬托出洁白的肌肤，低调且奢华
	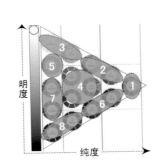	华伦天奴（Valentino）2016 年春夏系列高级定制作品。从东西方神话传说获取灵感，采用纯洁的白色和低调的浅金色进行搭配，塑造出虔诚圣洁的女祭司

三　哥特式风格

哥特式风格 (Gothic)，形成于 12～16 世纪的欧洲，以建筑为风格主体，逐渐影响到了其他艺术领域。

哥特式风格的艺术形式是夸张的、不对称的、多装饰性的，并以频繁使用纵向延伸的线条为其主要特征，因此哥特式风格的服装多采用纵向的造型线和褶皱，腰部的收省设计使穿着者显得修长，分割线及装饰线也多采用纵向线条。哥特式风格服装整体造型诡异夸张，苍白的皮肤、黑唇膏，就像是刚从中世纪墓窖里挖出来的伯爵夫人，戏剧化效果强烈，可以感受到宗教、性爱、死亡、血腥、绝望等多重冲击，带有强烈的神秘感以及对超自然的畏惧感。皮革、PVC、橡胶、乳胶是诠释哥特式风格必不可少的材料，铆钉、十字架、流苏也是该风格的主要装饰元素。

受宗教的影响，哥特式风格服装的常用色彩为深浅不一的黑色，黑色神秘且压抑，象征着宗教禁锢下的人们的思想。此外，以宗教题材图案装饰的哥特式教堂的窗户，用色浓郁厚重，在阳光照射下非常漂亮，以此为灵感的哥特式风格服装会运用纯色系进行配色，色彩主要集中在高纯度、中低明度的微暗色调区，如深海蓝、深红、墨绿等（表7-3）。

表 7-3　案例分析——哥特式风格

	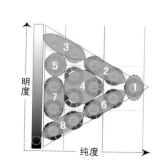	渡边淳弥（Junya Watanabe）2016 年秋冬作品发布。深邃的黑色神秘且压抑，象征着宗教禁锢下的人们的思想
	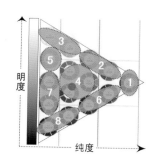	让·保罗·高缇耶（Jean Paul Gaultier）2007 年秋冬作品。灵感来源于中世纪的圣母形象，诡异的妆容，复古的铜金色，丰富的肌理效果，整体造型戏剧化效果强烈

四　嬉皮士风格

嬉皮士风格（Hippy），一种由嬉皮士传播开的流行文化。嬉皮士一词始见于 20 世纪 60 年代，是一个无统一的文化运动。嬉皮士们害怕战争，厌恶战争，唾弃物质世界的伪善，批评西方社会的价值观。嬉皮士们热爱自然，渴望波西米亚式的生活方式，希望集体逃离城市过上乡村隐居生活，他们是既定社会之外的叛逆族群，"Make love, Not war"是嬉皮士的口号。

嬉皮士追求无拘无束的非唯物主义生活方式，远东的形而上学思想、宗教实践、原著部落的图腾信仰对嬉皮士影响很大，因此，在服装方面他们追求解放和自由，反对整齐、优雅、精致的着装。夏耐尔（Chanel）、迪奥（Dior）类型的高级时装被这些年轻人所抛弃，造型宽松的东方服装则受到嬉皮士的青睐，服装多以宽大的H型、长袍、长裙为主，形成了怀旧、浪漫、自由的设计风格，并带有强烈的异域情调。

装饰方面，嬉皮士风格的服装融合了各地民族、民俗服饰元素，表现手法非常丰富，例如，串珠、拼布、刺绣、手工印染、流苏、羽毛、动物骨头装饰等；其次，嬉皮士们认为花代表"和平"和"爱"，所以在配饰及服装装饰图案上出现了大量花卉元素的运用。材质方面，主要有两类面料：一类为棉、麻、丝等材质轻薄较垂的面料，主要表现自由、飘逸、流动；另一类为反毛皮、牛仔布等较为硬挺的材料，尤其在牛仔布上的磨破及刷白处理，体现出一种怀旧感。

在色彩方面，无论是单色使用还是多色搭配，都带有强烈的自然主义气息，整体色调丰富，和谐富有变化，充满浪漫主义情怀。嬉皮士风格喜欢突出自然元素，如各类花朵、植物、树枝、草丛、飞鸟等，与此相关的色彩组合丰富多变，通常需要三种甚至六种色彩进行搭配。通过学习前面章节的知识大家都知道超过三种以上的色彩组合较难控制，色彩选用不当会给人眼花缭乱的视觉感受。因此，面对此类多色组合，需要通过明度和饱和度进行色彩调和，主要从中、低纯度区域选择色彩，避免采用高纯度的色彩（表7-4）。

表7-4　案例分析——嬉皮士风格

	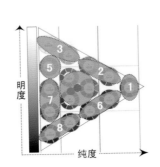	让·保罗·高缇耶2016年春夏系列作品。融合了地中海元素，还借鉴了军装元素。色彩选用位于微浊色调区的蓝色和棕绿色，这个区域的色彩带有自然的气息，属于类似色调配色，所以整体色彩和谐且富有变化
	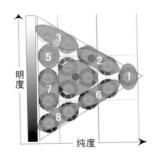	艾特罗（Etro）2015年春夏系列作品，带有强烈的印第安元素。在颜色上没有采用大地色系，而是采用漂亮的灰紫色，与局部点缀的灰蓝色在色相上进行呼应，图案色用了深一度的灰紫色，在统一中寻找变化，层次丰富但不凌乱

五　朋克式风格

朋克(Punk)，是兴起于 1970 年的一种反摇滚的音乐力量，在中国大陆称为"朋克"，在台湾称为"庞克"，在香港则称为"崩"。在西方，"朋克"在字典里是小流氓、废物、妓女、低劣等的意思。1977 年，英国经济危机、大量工人失业，通货膨胀率高达 10% 以上，青少年对现实社会产生强烈不满，甚至绝望的情绪，他们愤怒地抨击社会的各个方面，并通过狂放式的行为来宣泄表达他们的不满。在激情、颓废上建构起来的朋克精神将传统的美学秩序彻底颠覆，在这种社会背景下"朋克"诞生了。

朋克精髓在于破坏，彻底的破坏与重建。朋克拒绝权威，抗拒正统的时尚，他们用特立独行的装束彰显自己，表明其与主流文化以及其他的青年亚文化圈的不同，由此产生了一种服装的流行风格——朋克式风格，并影响着服装设计和服装潮流。1979 年，设计师赞德拉·罗兹（Zandra Rhodes）对朋克服装进行了改良，那种张扬的、支离破碎的、到处挂满别针和金属条装饰的朋克服装一去不复返了，朋克服装开始变得和人们越来越亲近。发展到现在，形成"新朋克"风格，少了张牙舞爪的张扬不羁，仍然保持着朋克与生俱来的性感和独特的韵味。

表现朋克的贫穷式设计，在面料方面会对采用毛边、皱褶、镂空、酸洗、砂洗或特殊印染等工艺进行破坏处理，或者将各种看似不相关的面料混搭在一起，并采用不规则的剪裁给人随意自由的感觉，使服装呈现粗犷的美感，黑色及饱和的亮色是朋克风格的主要用色（表 7-5）。

表 7-5　案例分析——朋克式风格

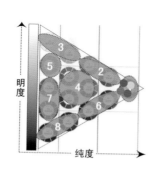

让·保罗·高缇耶 2011 年春夏高级女装系列作品。用涂鸦的手法将亮色无序地排列在一起，朋克们玩世不恭的态度连严肃的西服都变得张扬不羁

第七章

影响服装色彩搭配的相关因素

089

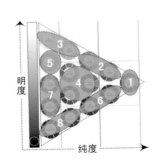

加勒斯·普（Gareth Pugh）的作品。硬朗的轮廓，强调肩部造型，运用黑、金经典配色组合

六　未来主义风格

　　未来主义（Futurism），又称"未来派"，是现代主义思潮的延伸。1909 年由意大利马里奈蒂（Marinetti）倡始，是一种对社会未来发展进行探索和预测的社会思潮。未来主义以"否定一切"为基本特征，对未来充满渴望与向往，反对传统，歌颂机械、年轻、速度、力量和技术，推崇物质。

　　20 世纪 60 年代美国和苏联为争夺航天实力的最高地位展开了太空竞赛，从 1961 年苏联宇航员首次进入太空到 1969 年美国阿波罗 11 号完成人类第一次登月工程，太空竞赛达到顶峰。人们对神秘太空的向往使宇宙成为整个社会的设计主题，以太空、宇航为主题的未来主义风格服饰应运而生。当时著名的服装设计大师皮尔·卡丹（Pierre Cardin）、安德烈·库雷热（Andre Courreges）、帕克·拉巴纳（Paco Rabanne）等都是时装界未来主义的鼻祖。皮尔·卡丹在 1961 年就推出了金属材质的太空服装，安德烈·库雷热在 1964 年"月球女孩"系列和 1965 年"宇宙时代"系列中都以科技感极强的银白色为主色调，采用模仿宇航员服装材质的面料。帕克·拉巴纳更具前卫意识，实验性地尝试使用塑料、金属、瓦楞纸等非常规材料制作服装，以塑造未来战士的形象。20 世纪 70 年代初美苏太空竞赛接近尾声，但未来主义风潮并未随着竞赛的结束而退出舞台，反而成为 T 台上独树一帜的风格流派，并影响着时尚潮流的发展。

　　未来主义风格的服装在款式上注重块面分割，以直线和几何线条为主，简洁硬朗呈现无性别倾向，这种无性别感超越了男女的界限，可以说是一种虚拟的性别。在结构上，注重功能性和实用性，通过科技手段附加智能感应等功能，讲究非单纯设计。

　　在面料方面，多采用光泽感强的 PU 革、塑料、尼龙丝等富有弹性的涂层面料用以强调女性的身形，表达性感之美；半透明质感的新型合成材料，营造虚幻的空间感，增加科技感。此外，高科技功能材料被广泛运用在未来主义题材的服装中，如可随人体温度变化而变色的特殊面料、3D 打印出的面料、可发光的面料、用微生物繁殖出来的皮肤面料等仿生面料。

要诠释宇宙的浩瀚、银河系的虚幻缥缈，非无彩色系及金色、银色莫属。由于黑洞的存在，黑、白、灰的空灵让联想宇宙的异度空间产生神秘的心理联想，如 20 世纪 60 年代的太空风格服装便大量地运用了无彩色系，近几年无彩色系与新型合成材料结合，材料表面的特殊肌理及光泽，赋予了无彩色系新的色彩呈现，传递出脱离现实的虚幻和科技感（表 7–6）。

表 7–6　案例分析——未来主义风格

	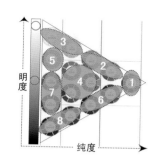	艾瑞斯·凡·赫本（Iris Van Herpen）2016 年发布作品。简单的白色和灰色因为 3D 打印技术，特殊的肌理赋予白色及灰色新的生命，并形成非常自然的过渡渐变
	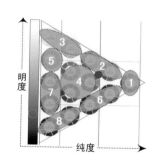	乔纳森·西姆海（Jonathan Simkhai）2014 年秋冬系列作品。颜色选用常见的灰色和棕色，色彩上并无特别之处，主要赢在造型的简洁硬朗。简单的棕色、灰色与直线、几何线条的造型结合，好似太空外星球上居民的日常着装

七　军装式风格

军装式风格的服装 "Army Look"，又称Military Look，指从军服上得到启发而设计的具男性感的服装样式。军服分陆、海、空三种款式，均以垫肩、肩章、编带、盖式口袋、金属纽扣为主要元素，强调服装的功能性及实用性。

军装式风格的服装概念在 20 世纪 30 年代末第二次世界大战前提出，如中国纺织出版社出版的《国外军服与军装化设计》中阐述的："军服风格时装开始于 1939 年，从这时起裙子再次缩短，战后的款式成为粗犷式。""第二次世界大战，决定性地完成了女装的现代化。其实在战前，女装就已经出现了缩短裙子和夸张肩部的机能化转变，战争爆发后即整个战争期间，女装则完全变成了一种非常实用的颇具阳刚之气的现代装束，这就是军装式。"第二次世界大战后，经济萧条物资不足，更使大量军用品流入社会，让军服元素与人们的穿搭紧密结合，逐渐形成一类风格，并引领着时尚潮流。

看到绿色联想到陆军，看到蓝色联想到海军和空军，所以位于微浊色调区、暗浊色调区、微暗色调区的绿色系和蓝色系，以及位于明浊色调区、微浊色调区的卡其色，都是诠释军装式风格的主要用色，如棕绿色、草绿色、橄榄绿色，尤其是曾被美国军装委员会批准的"44号军绿色"是最能代表军服的颜色。

另外，受到宫廷军队服装的影响，极具贵族气息的金色、金铜色、铜色也以装饰色彩的形式经常被运用在军装式风格中（表7-7）。

表7-7 案例分析——军装式风格

	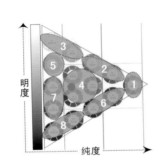	约翰·加利亚诺（John Galliano）2016年发布作品。将军装元素直接运用到女装中，厚重的毛呢材料与轻飘的亮缎材料形成质感对比，低明度、低纯度的棕绿色与高明度的浅粉色形成强烈对比，属于对比型配色，营造出不真实不稳定的视觉效果
	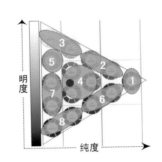	约翰·加利亚诺2016年发布作品。款式及装饰元素均借鉴拿破仑时期军服的特点，藏蓝色与古铜金色结合在一起，稳定和谐，传递出19世纪宫廷气息

八　中性化风格

中性（Unisex），中性化风格源于性别特征观念的淡化，从而引起性别审美情趣的转变。中性化不完全等于性别上的倒置，它表达的是一种无性别之分的倾向、气质和美，注重人精神上的需求和自我价值的实现，是一种打破性别界限的自我实现。

"中性化服装"即"性别化趋向服装"。在第一次世界大战前，西欧女装中性化已初露端倪，出现了类似今天现代女装主流的成套男式女装的式样。"中性"一词到20世纪60年代，在各种媒体上出现的频率越来越高。20世纪80年代掀起了"超越性别服饰"运动，大量的女装男性化，并成为当时主要的时尚潮流。法国时装界在20世纪90年代初开始中性化服装的研究。欧内斯廷·科博（Ernestine Kopp）与格罗斯（Gross）对中性化服装的出现和发展进行了系统的分析，给当时的中性化服装市场提供了很好的理论指导。如今，纽约、巴黎、东京等国际服装中心，都设立了专门的中性化服装研究机构，每年定期预测和发布中性化流行趋势。

男装借用女性的轮廓，演变出新的外轮廓，修身剪裁，突出胸部、背部、腰部的曲线，纤细阴柔，通过注入女性的特征表现新一代男性的优雅。女装从传统与身体紧密结合的造型解放出来，直而硬的廓型，夸张的肩部设计，随意自由，帅气性感。

在色彩方面，男装开始选用女性色彩，使用亮色，如金色、银色、桃红色、玫红色、紫色、橙红色、宝石色等，颠覆了男性审美标准，完全改变了固有的单纯和质朴的男性形象。女装则采用低明度、低纯度等稳重、洁净的男性色彩，尤其是黑色、灰色、藏蓝色、米色及褐色等（表7-8）。

表 7-8　案例分析——中性化风格

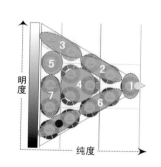

Jacquemus 发布作品。直接采用男性西服样式并对肩部进行局部夸张，弱化女性的所有特征。服装主体采用藏蓝色，冷静且沉闷，局部运用极其饱和的亮黄色与藏蓝色形成强烈的纯度对比，不搭调的色彩关系加强了整体造型的戏剧感

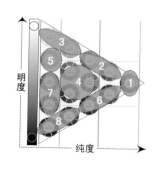

约翰·加利亚诺2016年发布作品。与上图相比，同样采用男式西服样式，但该图更为合身，亮缎及蕾丝材料的运用，给硬朗中性的造型带来女性的气息，黑白搭配是典型的中性用色

九　极简主义风格

极简主义(Minimalism)，是第二次世界大战之后20世纪60年代兴起的一个艺术派系，

又可称为"Minimal Art"，反对抽象表现主义，崇尚以自然物最本初的形态展示在观者面前的表现方式。极简主义是基于现代美学基础上逐渐发展起来的一种设计理念，最初由结构主义、至上主义的思想演变而来。受康定斯基（Wassily Kandinsky）抽象主义宣言性质理论著作《论艺术中的精神》的影响，至上主义创始人卡西米尔·马列维奇（Kasimier Severinovich Malevich）在康氏抽象主义绘画理论的基础上创立了"至上主义"，至上主义比抽象主义更前卫，几乎抛弃了绘画中的色彩元素，朝着纯黑与纯白的方向发展，后来至上主义流传到欧美，逐渐演变成"极简主义"。极简主义产生于轰轰烈烈的波普艺术的运动之中，针对艺术中复杂和过于人为化的观念以及艺术的社会性倾向，把艺术还原为极其简单的视觉结果。

极简并不是缺乏设计要素，是一种更高层次的创作境界。极简主义风格秉承"少就是多"的理念，以最纯粹的形式表现深邃的内涵和高雅的气质，摒弃一切琐碎的、多余的装饰。极简主义认为人体就是最好的廓型，在造型设计上力求简洁，抛弃多余的装饰；面料方面，注重材质本身的肌理和质地，尽量减少后加工，强调织物原始的触感，所以很少采用三种以上不同质地面料混搭的组合方式。

极简主义极其偏好黑、白、灰三色，位于低纯度高明度的淡色调、明浊色调色彩清新，位于低明度低纯度的暗浊色调、暗色调色彩含蓄，这些区域的色彩也是极简主义经常用到的。为突显简洁和纯粹，极简主义很少用装饰图案，通常只使用单一色彩，在多色配色时利用面积对比，强化主体色彩、弱化点缀色，以达到色彩的平衡、视觉的纯粹（表7-9）。

表7-9 案例分析——极简主义风格

	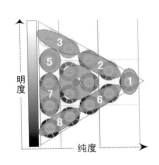	华伦天奴（Valentino）2014年秋冬发布作品。简洁的轮廓，除了结构线，没有多余的装饰，典型的极简主义风格。色彩采用大地色系，平静温暖
	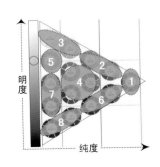	华伦天奴2016年秋冬系列作品。简洁的款式与空灵的灰色相遇，看不出情绪的变化，传递出一丝禁欲主义的信号

第二节 / 服装色彩与材质

色彩与材质关系紧密，色彩依附材质产生色彩变化，材质由于色彩的加入变得更加丰富。了解色彩与材质的关系，有助于在色彩搭配中更好地把握整体效果。

各类服装材质由于成分不同对色光的吸收、反射或投射能力不一样，这些主要受物体表面肌理状态的影响。

一 无光泽织物的色彩效果

1.棉织物的色彩效果

棉织物的主要成分是棉纤维，主要包括细棉布、府绸、斜纹布、牛津布等，布面平整，色光呈漫反射效果，属于吸光无光泽感的织物。因此色彩呈现柔和，由于棉纤维属于天然纤维，在色彩上给人质朴、自然、舒适的感觉，多用于民族、怀旧、乡村、田园、休闲类服装造型（图7-1）。

2.麻织物的色彩效果

麻织物的主要成分是苎麻、亚麻和其他种类的麻纤维，包括亚麻细布、夏布、苎麻布等。麻织物表面肌理比棉织物粗糙，呈漫反射效果，属于吸光无光泽织物。由于麻织物属于天然织物，色牢度不强，因此色彩饱和度、明度都不高，显色自然柔和，与棉织物一样多用于民族、怀旧、乡村、田园、休闲类服装造型。

3.毛织物的色彩效果

毛织物的主要成分是羊毛、混纺纤维以及其他毛类，包括凡立丁、华达呢、法兰绒、粗花呢、麦尔登等。毛织物表面厚实硬挺，呈漫反射效果，属于吸光无光泽织物。毛织物色彩具有层次感，给人沉重、稳重、可靠的感觉，适合民族、中性、军装风格的服装造型

图7-1 棉织物的色彩效果

（图 7-2 ）。

4. 化纤织物的色彩效果

化纤织物的主要原料为天然纤维与人造纤维的合成物，是经化学处理和机械处理加工而成的合成材料。化纤织物表面质感不同，有毛绒质感，此类织物具备毛织物的特征；也有平整光滑质感，此类织物具备丝织物的特征（后面将会提到）。化纤织物色牢度非常好，可染出不同纯度、明度的色彩，且色泽鲜艳，化纤织物运用非常广泛，适合古典、民族、浪漫、前卫、乡村、休闲等各类风格的服装造型（图 7-3 ）。

5. 皮草的色彩效果

皮草，指动物皮毛或人工仿制的动物皮毛。皮草表面毛发浓密呈立体感，光线反射极漫，由于皮草毛发位置不同，无论什么颜色的皮草都能显示出丰富的色彩层次（图 7-4 ）。

图 7-2　毛织物的色彩效果　　　　图 7-3　化纤织物的色彩效果　　　　图 7-4　皮草的色彩效果

二　有光泽织物的色彩效果

1. 丝织物的色彩效果

丝织物的主要成分为桑蚕丝、柞蚕丝，如双绉、电力纺、斜级绸、双宫缎等都属于丝织物。丝织物手感柔软、光滑飘逸，光线反射强烈，适合各种色彩且色彩饱和度高，主用运用于浪漫、性感、女性化的服装造型中（图 7-5 ）。

2. 皮革的色彩效果

皮革，指经过脱毛、鞣制等物理、化工处理的动物皮以及人工仿制的革类，皮面光滑且有肌理感，光线反射强烈，光泽感强，色彩富有张力，光线可随皮面的变化产生不同的颜色和光泽，皮革较硬挺适合军装、朋克、摇滚、中性等服装造型（图7-6）。

3.化纤织物的色彩效果

在无光泽织物中提到过化纤织物，因化学纤维可模仿织制表面，所以化纤织物还可仿制有光泽织物的表面效果。化纤织物是经过后处理的人工合成材料，在光泽感上比丝织物的效果更加强烈，色彩变化也更为丰富（图7-7）。

图7-5　丝织物的色彩效果　　　　图7-6　皮革的色彩效果　　　　图7-7　化纤织物的色彩效果

三　透明及半透明织物的色彩效果

1.薄纱织物的色彩效果

薄纱织物由棉、丝、化纤等纤维织制而成，如雪纺、巴厘纱等都属于薄纱类织物。薄纱织物质地轻盈，具有朦胧透视的效果，当多层面料叠加时还能产生"透叠"的视觉效果。在色彩呈现上，由棉、丝等天然纤维构成的薄纱织物，色牢度差，色彩饱和度及明度较低；由化学纤维构成的薄纱织物色牢度好，色彩饱和度及明度较高，色彩呈现丰富。薄纱织物的轻薄与柔美，适合用于浪漫、性感、未来感的服装造型（图7-8）。

2.PVC材料的色彩效果

PVC，又名聚氯乙烯，属于塑料一类，是化学合成材料。PVC材料有透明和不透明两种质地，与薄纱一样具有透视效果，与其他材质叠加时会产生色彩透叠效果。与丝织物相比，PVC材料更加透明，但其没有其他织物的美感和含蓄，更具冷感（图7-9）。

图 7-8　薄纱织物的色彩效果

图 7-9　PVC 材料的色彩效果

　　综上所述，服装色彩需通过具体的面料来呈现，什么样的面料适合用什么颜色是一门很深的学问，面料和色彩是相辅相成的，不能因为是做色彩搭配的，只注重色彩而忽略服装材质的变化对色彩的影响，这样不可能成为一名优秀的色彩搭配师。其次，在服装色彩与面料的搭配运用上不能死搬硬套地去记忆或运用规律，需注重实践，在实际工作中积攒下来的经验和感觉尤为重要。

PRAT8

服装色彩灵感来源及提取方法

课题名称：服装色彩灵感来源及提取方法

课题内容：服装色彩灵感来源
　　　　　色彩的采集与提取

课题时间：8 课时

教学目的：大千世界色彩纷呈，懂得如何获取色彩灵
　　　　　感，并掌握提取色彩的方法。

教学要求：1. 锻炼发现美的能力，从万事万物中发
　　　　　现色彩灵感来源。
　　　　　2. 掌握并熟练运用提取色彩的方法。

课前准备：广泛阅览并收集自然、人文、地理等生活
　　　　　中一切美好的图片。

作业要求：选取三个灵感来源，根据本章知识点，分
　　　　　步骤进行提取色彩训练。每一个灵感来
　　　　　源一个展板，展板尺寸为 60cm×90cm，
　　　　　需文字说明，灵感来源可为实物。

提到色彩灵感，不是局限于某物或某一类物，而是万事万物，如生锈的铁块、腐烂的木头、斑驳的苔藓、绚烂的晚霞、壮阔的大海、纯洁的白雪等都可能成为激发色彩创造的源泉。色彩灵感无时无刻不存在我们身边，罗丹说过："美到处都有，对于我们的眼睛，不是缺少美，而是缺少发现。"

生活和大自然为我们提供了丰富的灵感源泉，关键在于我们能不能发现和应用。

第一节 / 服装色彩灵感来源

服装色彩的构思通常离不开灵感启示，客观存在的任何事物和现象都可能成为服装色彩构思的灵感源泉。

一 从着装对象获得灵感

从服装的诞生到现在，服装是为穿着者服务的，因此着装对象是首先选择服装或设计服装时需要考虑的首要因素，这也就是"主体——着装者"与"客体——服装"的关系。

人有千差万别，因为基因的不同，人存在性别、肤色、体形的差异；因为自身生活及成长的不同，在年龄、性格、气质以及文化素养等方面，人与人之间存在很大差异。就像世界上没有两片完全相同的树叶一样，世界上也没有两个完全相同的人。服装色彩是装饰美化人体的，人体表现出不同的个性，色彩的选择必须符合不同的个性需要，因此需要以着装者为思考依据进行色彩构思（图8-1）。

皮肤较黑的人可以选择鲜艳的、强烈的色彩，通过色彩的对比衬托出面部肤色；肤色较黄者，易与茶色系、橙褐色系、深蓝色系搭配，茶色系、橙褐色系与黄肤色为同类、邻近色相关系，如第五章调和型配色中提到的原理，形成自然统一的色相调和，冲淡面部的黄光，增加红光。黄肤色偏黑的人可多采用略带色相的配色，与肤色略有对比，在明度上略有明度差，尽量避免使用深褐、黑紫、黑或色相浑浊不清的色彩。白色皮肤适用色很广泛，从各类高纯度色、高明度色到各类浑浊色，白色皮肤总是"浓妆淡抹总相宜"。

如果着装对象过于肥硕，可采用低明度、冷色调等具有视觉收缩功能的色彩进行配色，切忌使用明亮、暖色调等具有视觉膨胀感的色彩。而瘦型人则相反，可多采用膨胀感的色彩。此外，由于人的性格、年龄、气质、文化素养等不同，对服装色彩的需求也不尽相同，构思时需根据不同的对象进行色彩的思考和选择，使色彩与人的心理、生理等方面都能达到完美结合。

图 8-1　以不同的着装者为灵感

二　从自然界采集灵感

　　自然色，指自然界本身的各种色彩，非人工色，不依存于人或社会自然存在的色彩。从蓝天、大海到沙漠、丘陵，从生锈的铁块到腐烂的木头，不论是从宏观还是微观，"这些来自生态领域的色彩，可以说是大自然最原始的未经任何修饰的色彩，其本身固有的性质都包含着美的规律。" ❶

　　自然界的色彩不是一成不变的，会随着时空的演变而衍生出无穷的变化，呈现出丰富多元的色彩面貌。自然色范围非常广泛，主要有四季色、动物色、植物色、土石色。

❶　李莉婷. 服装色彩设计 ［ M ］. 北京：中国纺织出版社，2000 年 .

1.四季色

四季色很好理解，就是春、夏、秋、冬四个季节的色彩（图8-2）。

春天百花齐放，万物复苏，是一个朝气蓬勃的季节。如果用色彩形容春天，首先是代表生命复苏的黄绿色，其次是迎春花和油菜花的黄色，然后再是各类花草的颜色。春天就像是一缕阳光抹去寒冷的晨雾射入人们的心中，朦胧的、透明的、轻质的，是位于中、高明度区的色彩，如淡色调、明浊色调、明色调区域的色彩就很适合诠释春天。

夏天是成长、充实、旺盛的季节，在这个季节里，所有的动植物体形都是最壮硕的，色彩是最饱和的。因此，夏季的色彩是高饱和的、明艳的，如纯色调、微暗色调的色彩都是夏天的基本用色。

秋天是丰收的季节，成熟的果实，绯红的落叶，整体色彩饱满而浓郁，因此位于中明度的微暗色调、微浊色调的色彩最能代表秋天。

冬天与冰雪相连，与死亡相连，肃寂的、冰冷的，天空中密布着冷色调的云雾。冬季中的大自然没有了生机，因此整个色调位于低纯度区域，但明度跨度较大，从冷白色到暗黑色，如淡色调、明浊色调、暗浊色调、暗色调都是冬天的领域。

图8-2　以季节为采集灵感

2.动物色

动物色，分狭义和广义两种。

（1）狭义的动物色：指以动物为来源提取的颜料色或染剂色，是绘画颜料以原料分类而得出的称谓。以洋红为例，洋红是一种热带产的雌性胭脂虫干燥后，磨成粉末，提取出胭脂红，再用明矾处理，除去其中杂质而制成的（图8-3）。如帝王紫，来源于贝的鳃下腺，染色海贝的生长期大约在一年左右，春夏季节是采集的时间，因为在这个季节会产生大量的分泌物。将贝内的筋肉和内脏取出，加盐腌泡三天，然后用蒸汽加热法，剥落鳃下腺内的分泌物。这种分泌物不溶于水，可是一旦将它染在布料上，在日光的作用下会由黄变绿、蓝、紫，最后成为色牢度极佳的紫色。罗马帝国在383年颁布了敕令，禁止贝紫染色的商业和民间行为，而将其确定为国家控制生产的产品，所以称为"帝王紫"，因此贝紫染色的实物非常罕见。在现代，贝紫已经难寻踪影，紫色用胭脂虫、紫胶虫染料代替。

图8-3 胭脂红

（2）广义的动物色：指动物外在体表的颜色。动物种类非常多，从水里游的鱼类到天上的飞禽，从地上的爬行动物到大型猛兽动物，经过生物的进化，它们的体表都有着属于自己种群独特的色彩，有的是对比强烈的警告色，有的是隐蔽性很强的保护色，这些生动、奇妙的色彩以及色彩组合，给人类研究色彩、运用色彩带来丰富的灵感，大自然就是一个取之不尽、用之不竭的色彩宝库（图8-4）。

图 8-4　动物体表色彩

3.植物色

植物色，与动物色一样，有狭义和广义两个定义。

（1）狭义的植物色：指以花、草、树木、茎、叶、果实、种子、皮、根等为原料，并提取其色素为颜料色或染料色（图 8-5），也是绘画颜料以原料分类而得出的称谓。植物色在西方和东方的古代就被广泛使用，尤其是古代中国，提炼植物色的技术非常先进。青色，主要是用从蓝草中提取的靛蓝染成。赤色，中国古代将原色的红称为赤色，提取自茜草。黄色，早期主要提取于栀子果实中含有的"藏花酸"黄色素，到南北朝时期，人们用地黄、槐树花、黄檗、姜黄、柘黄等提取，尤其用柘黄染出的织物在月光下呈泛红光的赭黄色，在烛光下呈现赭红色，色彩鲜亮夺目，所以自隋代以来黄色成为皇帝的服色。黑色，古代染黑色的植物主要用栎实、橡实、五倍子、柿叶、冬青叶、栗壳、莲子壳、鼠尾叶、乌桕叶等。当植物色发展到清代已经达到顶峰，除了基本色外还发展出丰富的间色，"染工有蓝坊，染天青、淡青、月下白；有红坊，染大红、露桃红；有漂坊，染黄糙为白；有杂色坊，染黄、绿、黑、紫、虾、青、佛面金等。"这句形容清代染坊的谚语，就是对当时植物色种类的很好总结。20 世纪初，自化学合成色问世以来，合成色显色鲜艳、色牢度好、种类丰富，植物色逐渐退出了人们的视线。近年来，随着环保意识的增强，开始逐渐认识到化学合成色对人体健康的损害以及对生态环境产生的严重破坏，植物色再次成为时尚的宠儿。

图 8-5　植物色

（2）广义的植物色：指植物体表色彩，包括植物体色、花卉色、果实色等（图8-6）。绝大部分植物体的叶片呈绿色，是因为细胞里有大量的叶绿体，叶绿体里含有绿色的叶绿素，因为数量多所以掩盖了其他色素的颜色，但植物叶片的绿色在明度上有深浅不同，在色调上也有明暗、偏色之异。这些明度和色调随着一年四季的变化而不同，如垂柳初发叶时由黄绿逐渐变为淡绿，夏秋季为浓绿；春季银杏叶子为绿色，到了秋季银杏叶则为黄色；槭树类叶子在春天先红后绿，到秋天又变成红色，这些色叶树木随季节的不同而变换色彩，使人们感受到不同季节时空的变换。

植物色中的花卉色非常丰富，有红色、黄色、蓝色、紫色、白色、粉色等，可以说是全色相，且色调非常丰富。从高明度的桃粉到低明度的凤眼蓝，从饱和的迎春黄到百里香的紫红，花卉色之所以五颜六色，是因为含有花青素。花青素是一种色素，大量存在于花卉细胞的液泡中，它在不同的pH下会呈现出不同的颜色，在碱性的环境下花卉呈现蓝色，在酸性的环境下呈现红色。白色的花卉，是因为含有极少量的色素，气泡的存在使花卉看上去呈现白色，如果将花瓣使劲捏一捏，当气泡都被挤压出后，白色的花瓣则变成透明的。

4. 土石色

土石色，包括岩石色、泥土色、矿石色、沙土色等（图8-7）。

图8-6　植物体表色

图8-7　岩石体表色

三　从绘画发现灵感

绘画是以色彩和线条在平面上描绘形象的美术种类，通过用笔、刷、刀、手指等工具，将颜料、墨汁、油墨等有色物质，以线条、块面、色彩、明暗等方法，形成的视觉形象画面、图像。绘画通过形、色、光、线条等捕捉最富启发性、感染力的瞬间形象，是依赖视觉在平面上感受和欣赏的造型艺术，所以绘画很容易引起观感的共鸣。

绘画形式非常多，由于中西方绘画体系完全不同，因此用色也截然不同。下面从中西绘画入手，看看不同类型、不同风格的绘画形式在用色方面有何特征。

1.中国传统绘画色

提到中国传统绘画，绝大多数人都会想到国画。国画色彩整体简洁统一，色彩种类较少，渐变层次精妙，例如以黑、白、灰为基础色的水墨画。水墨画属于国画的一种，按照现代色彩理论水墨画只有明度变化，看似单一的墨与水结合后，呈现出焦、浓、重、淡、清五个色彩层级，再加上独特的皴染、晕染技法造就了水墨国画或深远，或灵动，或明净的古雅风格。国画中墨是基本用色，用彩色进行绘画时也需与墨搭配使用，由于墨汁的特殊性，即便是金碧辉煌的山水色彩、怒放的华贵色彩的牡丹、生动多姿的鸳鸯色彩，也始终带着一股素雅的气质，透着质朴的风格（图8-8）。

图8-8 中国传统绘画色

2.西洋绘画色

西洋画重写实，中国画重意境。西洋绘画整体色彩厚重、色调浓郁、色相丰富，在发展史中西洋绘画产生了很多不同的流派，如古典主义绘画、印象画派、野兽派、立体派、表现派、超现实主义、抽象主义、风格派等，不同派别有不同的用色习惯。

古典主义绘画以此精神为内涵，提倡典雅崇高的题材，庄重单纯的形式，强调理性而轻视情感，强调素描与严谨的外表、贬低色彩与笔触的表现，追求构图的均衡与完整，努力使作品产生一种古代静穆而严峻的美。所以，古典主义绘画色彩总体含蓄、内敛，画面以赭、褐、黄、黑、白为基础的低明度色调为主，避免使用高饱和度色彩，从而使画面的整体色调统一和谐，但也因此画面呈现沉闷和灰暗（图8-9）。

印象画派认为一切自然想象应从光的角度观察，色彩来源于光，因此印象画派以日光七色为基础，画面由一个个小色团组成，很少出现确定的线条，带有速写的意味。印象画派的重要代表人物塞尚打破了旧的绘画法则，放弃传统绘画中色彩的从属地位，把色彩从旧的素描绘画体系中解放出来，用色彩的色相、明度、冷暖关系来解析客观物象，让一切存在于画面空间的视觉因素只有色彩和形式，运用色彩去表现绘画艺术的本质，用色彩创造艺术性的第二自然空间（图8-10）。

图8-9　古典主义绘画用色

图8-10　印象画派绘画用色

野兽派强调个人主观精神，强化色彩弱化形体，色彩表现力极强。野兽派很像儿童画，用色单纯，对比强烈，线条质朴简练，很少运用明度变化，多用平面化的纯色块，原始且不加任何刻意的雕琢，装饰感极强。如果与尊重科学的用色原理的印象画派相比，野兽派用色是简单的、粗暴的，野兽式的色彩搭配使色彩在形式语言方面绽放出前所未有的耀眼光芒（图8-11）。

立体派延续了印象派对于传统造型法则的颠覆，毕加索、勃拉克等人领导了这场立体主义的运动。由于对造型观念的突破，新的造型表现形式必然需要与之相适应的新的色彩表现形式，因此，立体派在色彩形式表现上没有过多的创新（图8-12）。

图 8-11 野兽派绘画用色

图 8-12 立体派绘画用色

色彩从古典主义近似单色的使用，印象派客观地对色彩的狂热追求，野兽派主观运用色彩，到立体派将色彩进行各种分析、组合、简化，超现实主义注重色彩的心理反应，风格派最纯粹地使用原色等，这是一部绘画发展史，也是色彩发展史。绘画色彩形式语言在服装艺术设计中作为创作灵感和设计元素占据很大空间，解读绘画色彩语言对服装整体设计有着重要的现实意义。科学、客观、认真、仔细地分析研究西方现代绘画色彩形式语言与服装艺术设计色彩创意的内在联系成为一种必然。当代服装艺术设计创意大量地借鉴和学习西方现代绘画色彩形式表现语言，很多绘画大师的代表作品以及创作风格、理念被运用到服装的色彩设计创意中，使服装设计色彩创意具有了现代绘画艺术特征。可以这么说，流行色对绘画艺术的色彩形式影响不是很大，但绘画艺术的色彩形式语言却在很大程度上影响着流行色。

四 从民间色吸收灵感

民间色是指民间艺术呈现的色彩及色彩搭配，主要包括民间艺术（品）用色和民间服饰用色两方面。民间色很独特，它区别于西方用科学的方法研究出来的艺术规律，它是人类在原始状态下单纯用色彩表达信仰的一种手段，因此，民间色原始，但表现力极强，可以重新唤起人们对艺术原发性的感受力，打开一方艺术自由变化的新天地。

1.民间艺术（品）色彩

提到民间艺术（品），大家马上会联想到年画、剪纸、刺绣、彩塑等（图 8-13、

图8-14）。民间艺术（品）用色以纯色为主，经过历史的积淀，祖辈们形成一套类型化的、程式化的用色体系，"红离了绿不显""黄能衬五色之秀""紫没了黄不显""红加黄，喜煞娘""赭紫不靠红，蓝可深浅相挨""软靠硬，色不楞""粉青绿，人品细""文相软，物相硬""女红、妇黄、寡青、老褐"等，这些绘画口诀都是民间艺术对用色的使用规则。民间艺术的共同特点就是民俗化、大众化，色彩总体来说比较俗艳，色相种类丰富，大多采用对比色、互补色手法，纯度普遍较高，单一色相明度层次少，整体视觉效果强烈醒目，装饰性强。

图8-13 中国传统年画用色

图8-14 中国传统刺绣用色

2.民间服饰用色

中国地缘辽阔，在这片广袤的大地上，地域性差异很大，甚至很多少数民族地处偏远山区，与外界形成隔绝，所以在服饰文化上保留了很强的原始性，用色十分大胆，配色方式独特，形成民间服饰独特的色彩审美。

苗族，服饰色彩以锦绣斑斓、色彩缤纷而引人注目；土族，服饰鲜艳、明快、对比强烈，用色大胆可以说是居各民族之首；黎族，黎锦配色较为简练，概括性强、稳重典雅，富有秩序感，但住在山区的黎族则用色大胆；藏族，服装主要以棕色、紫红色、黑色、蓝色为主，装饰大红、朱红、橘黄、绿、深蓝、天蓝、白、紫等色，配色明快而又艳丽（图8-15）；傈僳族，服装色彩丰富，装饰的规则性强（图8-16）；景颇族，服装色彩以黑、红、银为主，妇女穿黑色对襟，下着黑、红色织成的筒裙，腿上带裹腿，盛装时的妇女上衣前后及肩上都缀有许多银泡泡、银片，颈上挂七个银项圈或一串银链子或银铃；白族，服饰总体用色大胆，浅色为主，深色相衬，对比强烈，明快而又协调，挑绣精美一般都有镶边花饰，装饰繁而不杂，尤其是白族妇女的衣饰堪称造型与色彩调配的艺术杰作，青年女性的衣饰，主要有头帕、上衣、领褂、围腰、长裤等几部分，上衣多用白色、嫩黄、湖蓝或浅绿色，外套黑色或红色领褂，右衽结纽处挂"三须""五须"银饰，腰系绣花或深色短围腰，下着蓝色或白色长裤，或上下一体，色调一致，或衣、褂、裤、围腰各为一色，于多色块对比中求和谐。

中国共有 56 个民族，服饰文化绮丽多彩，在此不一一赘述，在用色方面大致可归纳为三大类型：一是以五色斑斓的大红、大紫、大蓝、大绿为装饰特点，其色调层次十分明显，色块间所形成的对比和反差较大，因而视觉冲击力十分强烈；二是服饰色彩虽鲜艳明丽，却不繁缛杂乱，一般以浅色调为主，表现的是一种优雅恬淡的审美情调和色彩搭配方式；三是崇尚黑色和蓝色，在服饰上常以此作为主色调，显得庄重严肃、沉稳朴实。

随着当代艺术对民族文化的回归，中国传统的多民族文化艺术语言被更多地运用到当代服装艺术设计之中。众多的服装艺术设计师从西方现代绘画的色彩形式中汲取精华，创作出大量风格化、时尚化并引领潮流的优秀作品。

图 8-15　藏族服饰用色

图 8-16　傈僳族服饰用色

第二节 ／ 色彩的采集与提取

生活是美的源泉，色彩采集最重要的是深入、仔细地去观察，要以各种方式和不同的角度去感知大千世界，既观察对象的总体色彩，也要留心对象的细微色彩。如果能够带着

"有色眼镜"去观察色彩的话，那些破旧的砖墙碎瓦、生锈的废铜烂铁、褪色的油漆木门、落日的余晖、夜晚的灯光等，都能成为色彩采集的对象。

当观察到有个性的色彩后，需要对色彩进行提炼和整理。在提炼过程中并不是对原事物完全的复制和模仿，而是将原色彩从原限定的状态抽离出来，成为独立的、富有目的性的创作元素，只有经过这个环节才真正完成了色彩提取的工作。

一 色彩的采集

采集从直观上解释有采摘和收集的意思，是采集主体为了自身的某种需要而去采摘和收集所需物品的行为，它是一系列的生理反应过程。这种行为普遍表现在人类和动物界，其本质是相同的，即满足本能的需要。动物的采集行为主要通过遗传进行传播，这样其采集是最原始的。而人类的采集行为除了生理本能需求外，更多的是有目的的精神层面的需求，且随着时代的发展、科技的进步，采集的方式也已日新月异。

色彩采集的方法有两种：第一种是人工采集，如标本、写生、临摹等（图8-17）；第二种是科技采集，如摄影、色彩识别器、色彩提取软件等（图8-18）。

图8-17　通过临摹提炼色彩

图 8-18　色彩识别器——Color Elite

Color Elite 是一个非常有用的小工具，它将现代电子纸技术集成到传统的纸色板上，能快速、准确地帮用户识别、采集任何色彩。

二　色彩的提取

提取是色彩采集到重构创作过程中非常重要的环节，可以理解为是对提取对象的色彩的高度概括。那么，如何对灵感源色进行提取呢？本书采用的是色块提取方法。

第一步：选择色彩灵感来源（图 8-19）。万物皆为色彩的灵感来源，选择最能打动你的灵感。

第二步：对色彩进行色块化处理并进行归纳（图 8-20、图 8-21）。有时候灵感来源色彩比较单一，因此较好提取所需的色彩；但有时候灵感来源的色彩丰富很难分清主次，要对色彩进行有效快速的提取，可以将灵感图进行小色块处理，然后对多色块进行归类及合并同类项的工作，这样即从无数个小色块归纳为具有代表性的大色块。

第三步：提取最终色块。在服装色彩搭配中，单套服装中色彩的数量不宜过多，所以需要在第二步的基础上，对色块进行再次提取，保留最能传达物象美、最能打动人的色彩（图 8-22）。

图 8-19　色彩灵感图

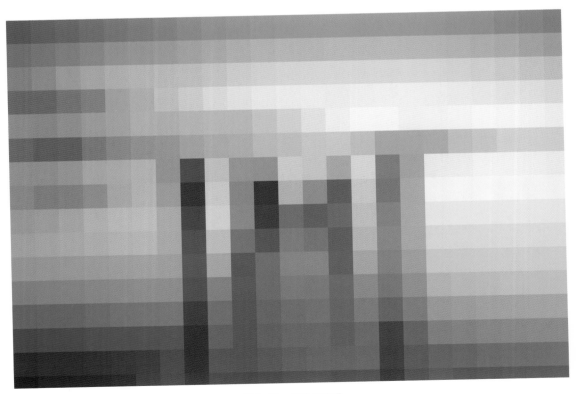

图 8-20　色块化处理

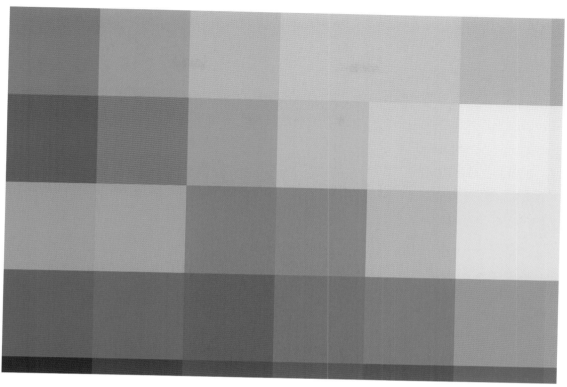

图 8-21　归纳色块

图 8-22　提取最终色块

第八章

服装色彩灵感来源及提取方法

三 色彩提取的要点

1. 色彩提取的客观性

色彩提取一定要尊重客观对象，色彩的概括提炼要准确，色彩比例的配比要精准。否则，很难准确地传达物象的色彩美。要把色彩对象中最主要、最感人的色彩提炼出来，不能有偏差。提炼也意味着取舍，可以舍去一些无关紧要的色彩。

2. 色彩提取的主观性

色彩提取是为色彩重构服务的，重构的过程是色彩再创造的过程。在这个过程中，主观能动性最为重要，色彩的运用只要按照色标中的色彩比例进行配色，就基本能够保持原物象的色彩美感。但这些色彩用在哪里、怎样使用等，则完全由创造者的直觉来决定，注重自己的主观感受，才能取得良好的色彩效果。

服装色彩搭配拓展实践

课题名称：服装色彩搭配拓展实践

课题内容：基于色彩三属性的配色练习

基于调和型和对比型的配色练习

基于设计风格的配色练习

课题时间：12 课时

教学目的：贯穿前面章节所有知识点，从灵感图的选用、灵感色的提取再到具体配色练习，系统演示如何搭配出符合要求的服装色彩。

教学要求：1. 运用色彩三属性进行色彩搭配练习。

2. 运用调和型配色原则、对比型配色原则进行配色练习。

3. 从设计风格出发，进行色彩提取及配色练习。

课前准备：绘画颜料、笔、纸等工具。

作业要求：1. 根据色彩三属性配色要求，进行三组色彩配色练习，每组配色练习一个展板，展板尺寸为 60cm×90cm，需文字说明分析色彩如何选择及搭配运用。

2. 根据调和型配色要求、对比型配色要求，进行两组色彩配色练习，每组配色练习一个展板，展板尺寸为 60cm×90cm，需文字说明分析色彩如何选择及搭配运用。

3. 选择六个设计风格，共搭配出六个截然不同的色彩形象，一个风格一个展板，需展示从灵感图的选用、灵感色的提取再到具体配色的全过程，展板尺寸为 60cm×90cm。

第一节 / 基于色彩三属性的配色练习

一 基于色相的配色练习

配色练习1

第一步：确定灵感来源，并提取灵感色（图9-1）。该图的灵感色大部分都较饱和，色相明确，有邻近色相、类似色相、对照色相，非常适于色相配色练习。

第二步：从灵感色中选取一个主色作为练习对象，然后根据配色需要，依次从灵感色中选取其他色彩完成色相配色练习（图9-2~图9-4）。

图9-1 提取灵感色1

图9-2 相同色相配色1

图 9-3　略微不同色相配色 1　　　　　　　　　图 9-4　对比色相配色 1

配色练习 2

第一步：确定灵感来源，并提取灵感色
（图 9-5）。该图的灵感色色相丰富，但明度
差别较大。有饱和的红色相，也有高明度的
蓝色相、紫色相，由于高明度淡化了色相的
明确性，色味较淡，因此与配色练习 1 相比
较该组色彩不容易掌握，搭配得当能营造出
清爽的感觉，如搭配不当色彩关系则会混糊
不清。

第二步：与配色练习 1 不同，该组配色练
习不需固定主色，根据配色需求可从灵感色中
任意挑选适合的颜色进行搭配练习，配色形式
比配色练习 1 更为灵活（图 9-6～图 9-8）。

9-5　提取灵感色 2

图 9-6　相同色相配色 2

图 9-7 略微不同色相配色 2　　　　　　　图 9-8 对比色相配色 2

二　基于明度的配色练习

配色练习 1

第一步：确定灵感来源，并提取灵感色（图 9-9）。该图的灵感色色相单纯，且自然呈现出明度的阶梯变化，在配色练习中无须考虑色相因素，因此非常适合初学者进行明度配色练习。

第二步：从灵感色中选取一个主色作为练习对象，然后根据配色需要，依次从灵感色中选取其他色彩完成明度配色练习（图 9-10~图 9-12）。

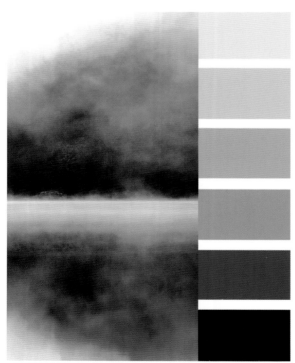

图 9-9　提取灵感色 3

图 9-10　相同明度配色 1

图 9-11 略微不同明度配色 1   图 9-12 对比明度配色 1

配色练习2

第一步：确定灵感来源，并提取灵感色（图9-13）。

第二步：与配色练习1不同，该组不需固定主色，根据配色需求可从灵感色中任意挑选适合的颜色进行搭配练习，配色形式比配色练习1更为灵活（图9-14~图9-16）。

图9-13　提取灵感色4

图9-14　相同明度配色2

图 9-15 略微不同明度配色 2　　　　　图 9-16 对比明度配色 2

三 基于纯度的配色练习

配色练习 1

第一步：确定灵感来源，并提取灵感色（图 9-17）。该图的灵感色主要为蓝色相的纯度变化，色彩关系单纯，非常适合初学者进行纯度配色练习。

第二步：从灵感色中选取一个主色作为练习对象，然后根据配色需要，依次从灵感色中选取其他色彩完成纯度配色练习（图 9-18 ~ 图 9-20）。

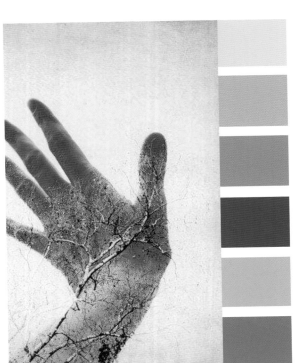

图 9-17 提取灵感色 5

图 9-18 相同纯度配色 1

图 9-19　略微不同纯度配色 1　　　　　　　　图 9-20　对比纯度配色 1

配色练习2

第一步：确定灵感来源，并提取灵感色（图9-21）。该图的灵感色从高纯度的黄色直接到低纯度的粉色、紫色、蓝色，纯度变化跨度大，缺少中间纯度的颜色过渡，因此在纯度配色中较难掌握。

第二步：与配色练习1不同，该组配色练习不需固定主色，根据配色需求可从灵感色中任意挑选适合的颜色进行搭配练习，配色形式比配色练习1更为灵活（图9-22～图9-24）。

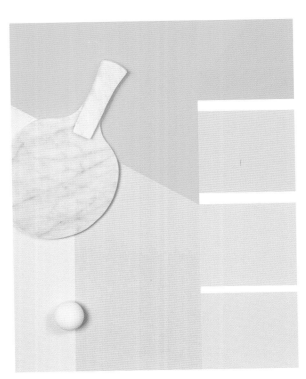

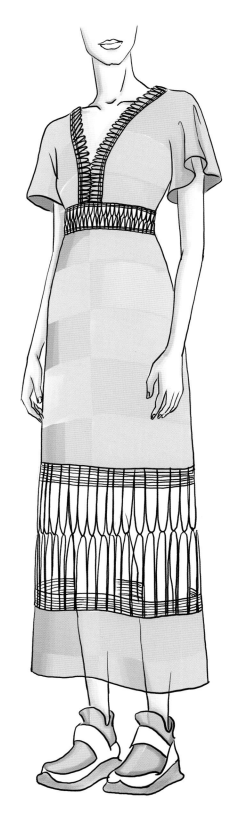

图9-21 提取灵感色6　　　　　　　　图9-22 相同纯度配色2

图 9-23 略微不同纯度配色 2

图 9-24 对比纯度配色 2

根据前面章节学到的知识，同一调和配色需从色相、明度、纯度出发，在灵感色中，浅棕色和深棕色是同一色相，因此可以用于同一调和配色。

第二节 / 基于调和型和对比型的配色练习

一 基于调和型的配色练习

配色练习1

第一步：确定灵感来源，并提取灵感色（图9-25）。

第二步：调和型配色比色彩三属性的配色要复杂，需综合考虑色相、明度、纯度三因素，因此在配色前需对灵感色进行分析，根据配色要求，依次从灵感色中选取所需的色彩完成配色练习（图9-26～图9-28）。

图9-25 提取灵感色7

图9-26 同一调和配色1

灵感色中，黄色不仅与浅棕色、深棕色为类似色相，还与灰绿色为类似色相；其次浅棕色与灰绿色的明度也类似，因此浅棕色、深棕色、黄色、灰绿色这四色搭配在一起能形成类似调和型配色图。

此练习的目的在于调和，灵感图中有很漂亮的颜色，因为它与其他颜色的亲缘性不近，因此不能大面积使用，如蓝绿色和紫红色。但在隔离调和配色中可以适当使用，将两个颜色作为间色，小面积并有规律地出现。

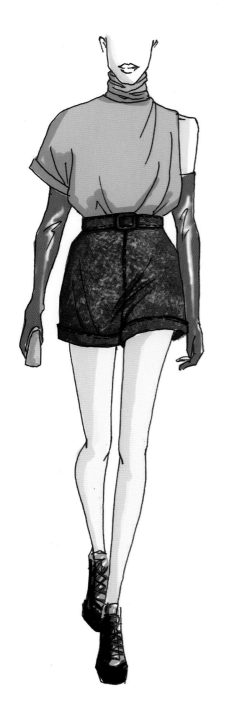

图 9-27　类似调和配色 1

图 9-28　隔离调和配色 1

配色练习2

第一步：确定灵感来源，并提取灵感色（图9-29）。

第二步：配色练习1的调和型配色练习主要从色相因素出发，此练习将从色相、明度、纯度等多维度出发进行综合搭配练习（图9-30~图9-32）。

同一调和色中色相、明度、纯度任何一组关系相同，即可形成同一调和配色。该搭配属于类似色相的同一纯度调和配色。

图9-29 提取灵感色8

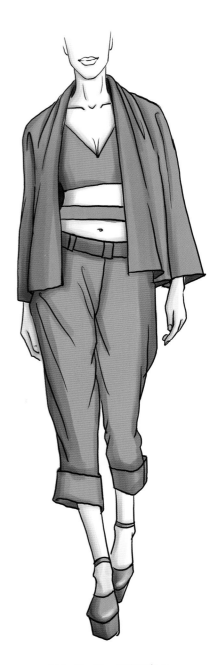

图9-30 同一调和配色2

在配色练习 1 中，运用类似色相进行调和型配色，在此我们可以尝试运用类似明度进行配色。在灵感色中，深棕色与红棕色为类似明度，红棕色与浅驼色为类似明度，所以红棕色是建立类似明度调和的桥梁。但在这三个颜色中，深棕色与浅驼色为对照明度，明度差异大，可以借鉴隔离调和的方法进行两色调和。在此次练习中主要运用类似调和配色，同时还辅助借鉴隔离调和，属于一个比较综合的实践案例。

图中的灵感色中有高纯度的红色和中纯度的绿色，从色相上看这两个颜色属于对比色相，对比强烈，完全不属于调和配色的类型。但我们进行此练习的目的在于掌握并懂得运用调和配色原理，那么如何使红绿色搭配成为调和型配色？为打破绿色与红色的对立性，在红色块中用间隔的方法加入绿色，绿色块反之，并同时加入其他色调的颜色进行色彩调和，这样形成你中有我、我中有你的调和配色。

图 9-31　类似调和配色 2

图 9-32　隔离调和配色 2

二 基于对比型的配色练习

配色练习1

第一步：确定灵感来源，并提取灵感色（图9-33）。

第二步：对比型配色比较复杂，需综合考虑色相、明度、纯度三因素，因此在配色前需对灵感色进行分析，根据配色要求，依次从灵感色中选取所需的色彩完成配色练习（图9-34~图9-36）。

> 灵感图中，橙色与蓝色为互补色，并且两色都位于高纯度区域，色性强，是从灵感图中提取色彩对比关系强烈的一对颜色。

图9-33 提取灵感色9

图9-34 色相对比配色1

强调明度对比，需寻找灵感图中明暗差异最大的颜色。浅紫色位于高明度的淡色区，深墨绿色位于低明度的暗色区，两色明度对比强烈。但两色之间缺少色彩连接，直接放在一起比较奇怪，因此选用中明度的叶绿色作为色彩过渡。

提取的灵感色中，浅紫色的纯度最低，橙色、蓝色的纯度最高。因此在强调纯度对比的配色练习中，很快就锁定了这三个颜色。蓝、紫为主色，橙色为跳色，并采用不对称的色彩搭配方式，加强整体色彩的不稳定感，突出对比效果。

图 9-35 明度对比配色 1

图 9-36 纯度对比配色 1

第九章 服装色彩搭配拓展实践

配色练习 2

第一步：确定灵感来源，并提取灵感色
（图 9-37）。

第二步：对比型配色比较复杂，需综合考
虑色相、明度、纯度三因素，因此在配色前需
对灵感色进行分析，根据配色要求，依次从
灵感色中选取所需的色彩完成配色练习（图
9-38 ~ 图 9-40）。

灵感图中，紫色与绿色为互补色，并且两色都
位于高纯度区域，色性强，是从灵感图中提取色彩
对比关系强烈的一组颜色。

图 9-37　提取灵感色 10　　　　　　　　图 9-38　色相对比配色 2

从灵感图中挑选明度变化差异最大的一组色彩便可进行明度对比配色。

灵感色中，青灰色的纯度最低，绿色的纯度最高，因此在强调纯度对比的配色练习中，很快就锁定了这两个颜色。青灰色为主色，绿色为跳色，并通过面积强化对比。

图 9-39　明度对比配色 2

图 9-40　纯度对比配色 2

第三节 / 基于设计风格的配色练习

一 基于浪漫主义风格的配色练习

配色练习 1

第一步：确定灵感来源，并提取灵感色（图 9–41）。

第二步：挑选灵感色进行配色练习（图 9–42）。

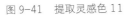

图 9–41 提取灵感色 11

图 9–42 配色练习 1

配色练习2

第一步：确定灵感来源，并提取灵感色（图9-43）。

第二步：挑选灵感色进行配色练习（图9-44）。

图9-43 提取灵感色12

图9-44 配色练习2

二 基于古典主义风格的配色练习

配色练习1

第一步：确定灵感来源，并提取灵感色（图9-45）。

第二步：挑选灵感色进行配色练习（图9-46）。

图9-45 提取灵感色13

图9-46 配色练习3

配色练习2

第一步：确定灵感来源，并提取灵感色（图9-47）。

第二步：挑选灵感色进行配色练习（图9-48）。

图9-47 提取灵感色14

图9-48 配色练习4

三　基于哥特式风格的配色练习

配色练习 1

第一步：确定灵感来源，并提取灵感色（图 9-49）。

第二步：挑选灵感色进行配色练习（图 9-50）。

图 9-49　提取灵感色 15

图 9-50　配色练习 5

配色练习 2

第一步：确定灵感来源，并提取灵感色（图 9-51）。

第二步：挑选灵感色进行配色练习（图 9-52）。

图 9-51　提取灵感色 16

图 9-52　配色练习 6

四 基于嬉皮士风格的配色练习

配色练习 1

第一步：确定灵感来源，并提取灵感色（图 9-53）。

第二步：挑选灵感色进行配色练习（图 9-54）。

图 9-53 提取灵感色 17

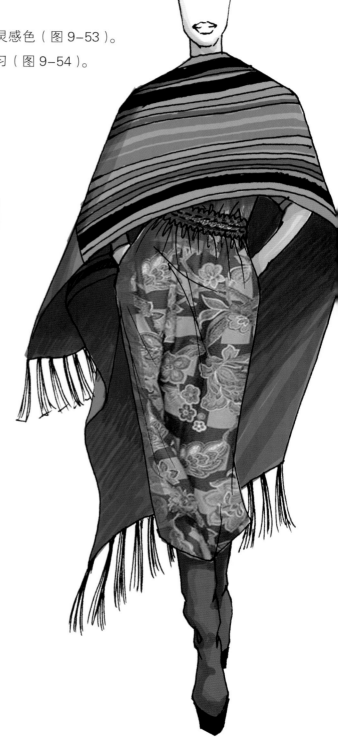

图 9-54 配色练习 7

配色练习 2

第一步：确定灵感来源，并提取灵感色（图 9-55）。

第二步：挑选灵感色进行配色练习（图 9-56）。

图 9-55　提取灵感色 18

图 9-56　配色练习 8

五　基于朋克式风格的配色练习

配色练习 1

第一步：确定灵感来源，并提取灵感色（图 9-57）。

第二步：挑选灵感色进行配色练习（图 9-58）。

图 9-57　提取灵感色 19

图 9-58　配色练习 9

配色练习 2

第一步：确定灵感来源，并提取灵感色（图 9–59）。

第二步：挑选灵感色进行配色练习（图 9–60）。

图 9–59　提取灵感色 20

图 9–60　配色练习 10

六 基于中性化风格的配色练习

配色练习 1

第一步：确定灵感来源，并提取灵感色（图 9-61）。

第二步：挑选灵感色进行配色练习（图 9-62）。

图 9-61　提取灵感色 21

图 9-62　配色练习 11

配色练习 2

第一步：确定灵感来源，并提取灵感色（图 9-63）。

第二步：挑选灵感色进行配色练习（图 9-64）。

图 9-63　提取灵感色 22

图 9-64　配色练习 12

七 　基于军装式风格的配色练习

第一步：确定灵感来源，并提取灵感色（图9-65）。

第二步：挑选灵感色进行配色练习（图9-66）。

图9-65　提取灵感色23

图9-66　配色练习13

八　基于未来主义风格的配色练习

配色练习 1

第一步：确定灵感来源，并提取灵感色（图 9–67）。

第二步：挑选灵感色进行配色练习（图 9–68）。

图 9–67　提取灵感色 24

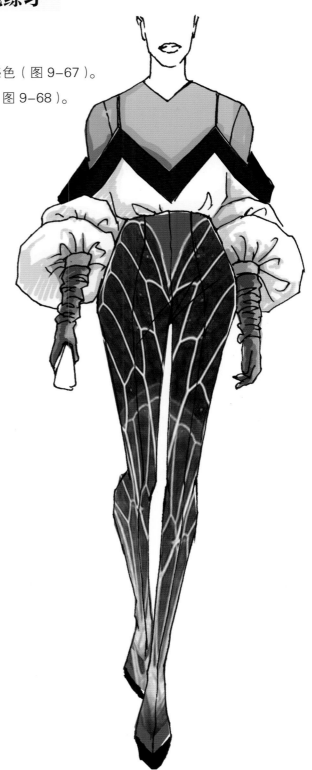

图 9–68　配色练习 14

配色练习 2

第一步：确定灵感来源，并提取灵感色（图 9-69）。

第二步：挑选灵感色进行配色练习（图 9-70）。

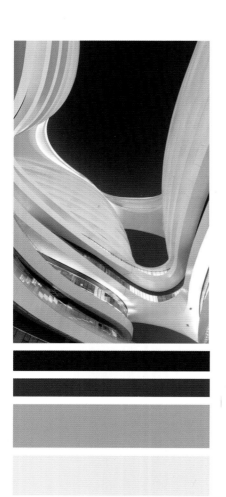

图 9-69　提取灵感色 25

图 9-70　配色练习 15